中国热带农业科学院广州实验站
广东海洋大学
资助出版

华南主要观赏树木图鉴

HUANAN ZHUYAO GUANSHANG SHUMU TUJIAN

黄艳娜　陈　石　黄静君　蒋仁娇　童志成　主编

中国出版集团有限公司
世界图书出版公司
广州·上海·西安·北京

图书在版编目（CIP）数据

华南主要观赏树木图鉴 / 黄艳娜等主编 . -- 广州 : 世界图书出版广东有限公司 , 2024. 12. -- ISBN 978-7-5232-1846-4
Ⅰ . S684-64

中国国家版本馆 CIP 数据核字第 2025FR4596 号

书　　名	华南主要观赏树木图鉴 HUANAN ZHUYAO GUANSHANG SHUMU TUJIAN
主　　编	黄艳娜　陈　石　黄静君　蒋仁娇　童志成
责任编辑	刘 旭
责任技编	刘上锦
装帧设计	柏桐文化
出版发行	世界图书出版有限公司　世界图书出版广东有限公司
地　　址	广州市海珠区新港西路大江冲 25 号
邮　　编	510300
电　　话	（020）84460408
网　　址	http://www.gdst.com.cn
邮　　箱	wpc_gdst@163.com
经　　销	新华书店
印　　刷	广州清粤彩印有限公司
开　　本	787 mm×1 092 mm　1/16
印　　张	17.5
字　　数	219 千字
版　　次	2024 年 12 月第 1 版　2024 年 12 月第 1 次印刷
国际书号	ISBN　978-7-5232-1846-4
定　　价	158.00 元

咨询、投稿：1227655440@qq.com

编委会

主　编: 黄艳娜　陈　石　黄静君　蒋仁娇　童志成

副主编: 邓嘉辉　王东栋　张瑜增　邓剑煊　何培磊

编　委: (按姓氏拼音顺序)

陈　石　邓　莹　邓嘉辉　邓剑煊　高兀昌

何培磊　黄静君　黄艳娜　蒋仁娇　刘燕花

童志成　王东栋　张瑜增

主　审: 周厚高

前言

树木的鉴别是林业、园林和园艺及相关领域重要的基本技能。植物爱好者鉴别植物，大学生学习树木学、植物分类学、花卉学、植物学等课程时，需要一部既科学又易懂的树木图鉴；园林和林业工作者在进行树木调查和养护时，需要一部能快速查找的树木图鉴；野外郊游者，也很需要一部通俗易懂的树木图鉴。为满足这些需求，我们编写了本图鉴。

图鉴主要涉及华南地区树木，适当兼顾中国南方重要的园林树种、生态建设用树种、工业原料树种和中国特有珍稀濒危物种，共涉及 78 科 203 属 449 种，其中蕨类植物 1 科 2 属 2 种，裸子植物 8 科 17 属 41 种、被子植物 70 科 186 属 408 种。

图鉴的编写汇聚了从事树木学研究和教学工作者对树种鉴别的知识和经验，对重要树种凝练出鉴别要点。对相近树种的鉴别要点以枝叶检索表的形式展现，图文并茂，内容新颖，特征明确，形象生动，具有较强的可读性和实用性。树种的检索按蕨类植物、裸子植物和被子植物三大植物类群，以叶的着生方式、叶的类型和叶缘特征等为中心，将植物分为不同的小类群，在版面编排时，以色块每一小类群使用同一色调，在书的右侧形成色阶，查找容易、快速。为方便专业人员使用，还配有中文名和拉丁名索引供查询。书末科名排名索引中裸子植物科按《中国植物志》第七卷排列，被子植物科基本是按 Cronquist 系统排列，科内树种以出现顺序排列。

本书是南方树木学、植物分类学、花卉学教学及实习的重要参考资料，适用于学生树木学的学习和园林树种的鉴别，也是园林、林业工作者和野外郊游者、植物爱好者的良师益友，有助于园林植物和森林植物调查、自然保护及规划，以及城乡生态环境建设对树种的选择与鉴别。

本书的编写出版得到中国热带农业科学院广州实验站、广东海洋大学的支持，也得到国内树木学同行和植物爱好者的大力支持，这里一并表示感谢！由于编者知识和水平有限，若出现物种鉴定和文字错误，希望读者给予谅解，并期盼与我们沟通改进。

编著者

2024 年 7 月 1 日

如何使用本书。

本书是按照蕨类植物、裸子植物、被子植物等大类分类的，参见树种检索路径图。首先，你将观察的植物归入三类之一。本书的蕨类植物多为草本，故收录种类极少，它们除在华南地区及部分西南地区有露地栽培或生产之外，其他地区可在温室中见到。其次，如归入裸子植物，根据叶片着生状态即叶序进行分类，分为对生轮生和互生二类，互生之下根据叶的着生状态，短枝有无再分小类，小类里面包括了具体的种类、具体的种名，须到小类所在部位(索引图小类后面的页码)去比对确认。如果对裸子植物的特征、形态结构不熟悉，就可参见植物形态术语图解。

如果归入被子植物，其中竹类、棕榈类植物容易被鉴别，可先区别出来。如果不属于这两类，则按照单叶和复叶分为两群，进入相应群进行细分。单叶类按照叶序（对生、互生、轮生、退化）——叶缘的性状细分小类，最后在小类中查出种类名称。由于本图鉴仅收录园林及林业中常见种类，非常见种类没有收录，因此而查不到的，非常抱歉。

树种检索路径图

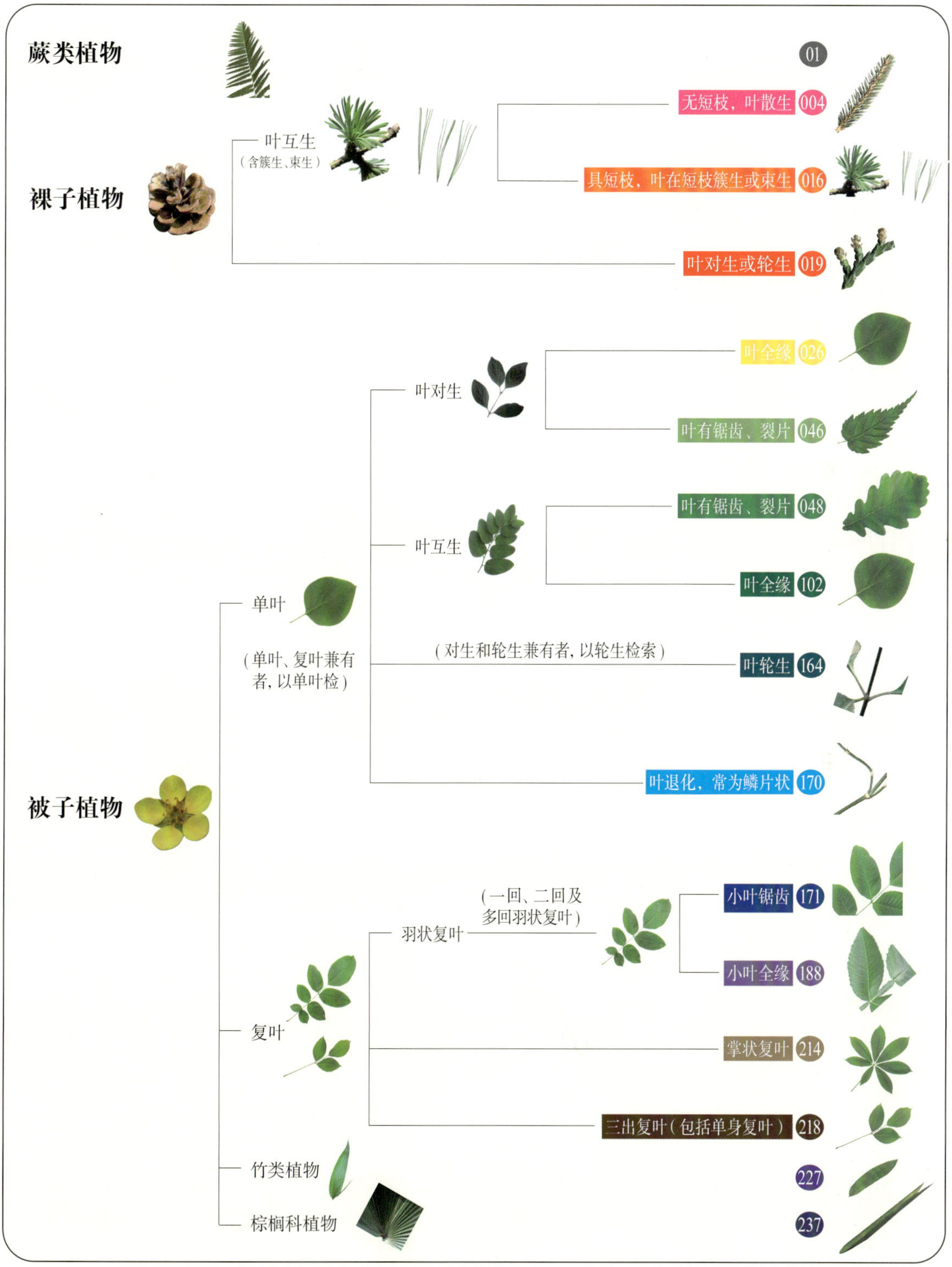

蕨类植物
01
裸子植物
叶互生
（含簇生、束生）
无短枝，叶散生 004
具短枝，叶在短枝簇生或束生 016
叶对生或轮生 019
被子植物
单叶
（单叶、复叶兼有者，以单叶检）
叶对生
叶全缘 026
叶有锯齿、裂片 046
叶互生
叶有锯齿、裂片 048
叶全缘 102
（对生和轮生兼有者，以轮生检索）
叶轮生 164
叶退化，常为鳞片状 170
复叶
羽状复叶
（一回、二回及多回羽状复叶）
小叶锯齿 171
小叶全缘 188
掌状复叶 214
三出复叶（包括单身复叶） 218
竹类植物
227
棕榈科植物
237

植物形态术语图解

1.叶序

叶互生

叶对生

叶轮生

叶散生

叶簇生

叶束生

2.叶类型

单叶

一回奇数羽状复叶

一回偶数羽状复叶

羽状三出复叶

二回奇数羽状复叶

二回偶数羽状复叶

掌状复叶

单身复叶

3.叶形

扇形

针形

条形

鳞形

刺形

披针形

卵形

心形

三角形

椭圆形

圆形

倒卵形

4.叶尖

渐尖　尾尖　锐尖　突尖　钝圆　微凹

5.叶基

平截　楔形　心形　圆形

6.叶缘及叶裂

全缘　锯齿　重锯齿　波状齿　刺芒状锯齿

羽状浅裂　羽状深裂　羽状全裂　掌状浅裂　掌状深裂　掌状全裂

7.叶脉

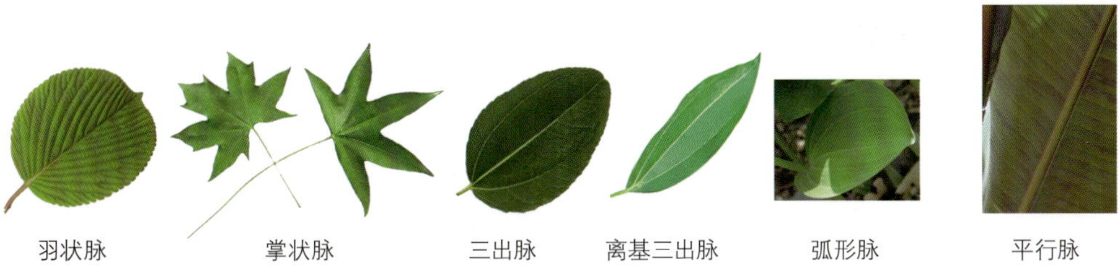

羽状脉　掌状脉　三出脉　离基三出脉　弧形脉　平行脉

8.花冠类型

蔷薇形花冠　蝶形花冠　假蝶形花冠　坛状花冠　管状花冠　唇形花冠

9.花被片类型

无被花（雄花）　单被花　同被花　双被花　离瓣花　合瓣花

10.花的子房类型

子房上位下位花　子房上位周位花　子房下位上位花

11.花序类型

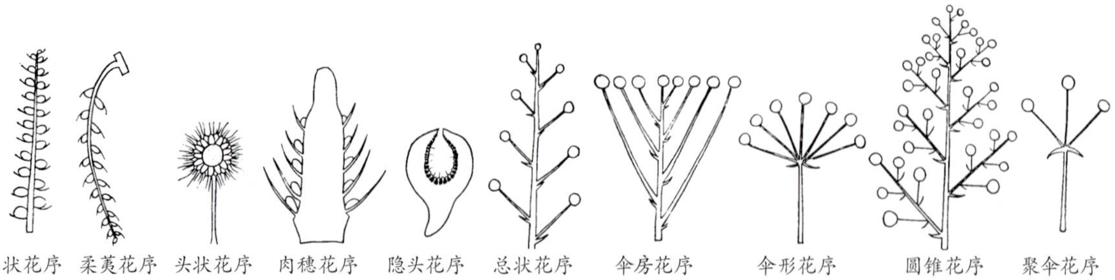

穗状花序　柔荑花序　头状花序　肉穗花序　隐头花序　总状花序　伞房花序　伞形花序　圆锥花序　聚伞花序

常见的花序(图例)

花单生

花簇生

总状花序

穗状花序

柔荑花序

头状花序(雌)

隐头花序

伞形花序

聚伞花序

二岐聚伞花序

圆锥花序

复伞房花序

12.果实类型

蓇葖果(聚合果)

荚果

蒴果

坚果

双翅果

翅果

浆果

核果

梨果

柑果

聚合果

聚花果

目 录

蕨类植物 …… 1

裸子植物 …… 3

叶互生 …… 4

无短枝或叶散生 …… 4

具短枝，叶在短枝簇生或束生 …… 16

叶对生或轮生 …… 19

被子植物 …… 25

单叶 …… 26

叶对生 …… 26

叶全缘 …… 26

叶有锯齿、裂片 …… 46

叶互生 …… 48

叶有锯齿、裂片 …… 48

叶全缘 …… 102

叶轮生 …… 164

叶退化，常为鳞片状 …… 170

复叶 …… 171

羽状复叶（一回、二回及多回羽状复叶） …… 171

小叶具锯齿 …… 171

小叶全缘 …… 188

掌状复叶 …… 214

三出复叶（包括单身复叶） …… 218

竹类 …… 227

棕榈类 …… 237

中文名索引 …… 255

学名索引 …… 259

科名排列索引 …… 263

蕨类植物

蕨类植物是植物界中古老的植物类群，其特点：一是以单细胞的孢子作为主要的繁殖结构，不同于裸子植物、被子植物以结构复杂的种子进行繁殖；二是大部分真蕨茎以根状茎的形式生长于地下，具有明显地上茎干的种类较少；三是具有木质地上茎的蕨类植物极少。本书介绍几种具有明显地上主干并有一定程度木质化的蕨类植物。

笔筒树 *Sphaeropteris lepifera* (J. Sm. ex Hook.) R. M. Tryon

桫椤科 Cyatheaceae

植株

树形和习性：常绿乔木状，高10 m，胸径 10~15 cm；树冠伞形。
树皮：黑褐色，茎干密布落叶后留下的大型叶痕。
枝条：一般没有分枝。
叶：集生于茎顶，叶片长矩圆形，长1.5~2.7 m，宽0.6~0.8 cm，三回羽状深裂。叶柄基部密被苍白色鳞片。
孢子囊群：生于叶背侧脉分叉处，无囊群盖。
分布：菲律宾、日本以及中国的福建、台湾。中国华南地区也栽培。

叶痕

叶片

叶柄鳞片

鉴别要点

常绿乔木状，树冠伞形；单干不分枝，茎干密布大型叶痕。叶大型，集中着生于茎顶部，叶柄基部密被苍白色鳞片。无囊群盖。

相近树种鉴别要点检索

1. 茎干无残留叶柄，具明显大型叶痕，叶柄基部密被苍白色鳞片。孢子囊群无盖……………………笔筒树 *Sphaeropteris lepifera* (J. Sm. ex Hook.) R. M. Tryon
1. 茎干残留叶柄，无叶痕，叶柄基部密被暗棕色鳞片。囊群盖球形，薄膜质……………………桫椤 *Alsophia spinulosa* (Wall. ex Hook.) Tryon

---

桫椤 *Alsophia spinulosa* (Wall. ex Hook.) Tryon 桫椤科 Cyatheaceae

植株

叶片顶端

叶柄鳞片

裸子植物

裸子植物是原始的种子植物。现代裸子植物约有 800 种，隶属 5 纲，即苏铁纲、银杏纲、松柏纲、红豆杉纲和买麻藤纲。全世界已知裸子植物有 5 纲 9 目 12 科 71 属，中国有 5 纲 8 目 11 科 41 属 236 种及一些变种和栽培种。裸子植物的种类多数为常绿乔木，少数为灌木和藤本（本书介绍乔木和灌木），部分种类有长枝和短枝之分。叶为针形、线形、鳞形，极少为扁平的阔叶（如竹柏）；苏铁类的叶片大型；叶脉单一或分离。

裸子植物的胚珠和种子裸露，与被子植物不同。裸子植物的雌性、雄性生殖结构（大孢子叶、小孢子叶）分别聚生成单性的大孢子叶球和小孢子叶球，大孢子叶平展，腹面着生裸露的倒生胚珠，胚珠进一步发育为裸露的种子。

苏铁 *Cycas revoluta* Thunb.　苏铁科 Cycadaceae

植株

树形和习性： 常绿乔木，高2~3 m，茎顶具有绒毛；树冠伞形。
树皮： 黑褐色，密被残留的叶柄基部和鳞片等。
枝条： 一般没有分枝。
叶： 一回羽状深裂，长0.5~1.2 m，羽片斜展成“V”形，约100对，线形，长15~20 cm，厚革质而坚韧，边缘显著反卷，背面有疏毛。
球花： 雌雄异株，球花单生枝顶。雄球花长圆柱形，大苞子叶雌球花略成扁球形。大孢子叶宽卵形，有羽状裂，密被黄褐色毛，在下部两侧着生2~4 个裸露的直立胚珠。
种子： 核果状，卵形微扁，成熟时红色。
花果期： 花期6~8 月；10 月种子成熟。
分布： 原产于琉球群岛。中国广泛栽培，华东、华南和西南可露地栽培。

雄球花

种子

羽片斜展成“V”形

羽片边缘反卷

鉴别要点

常绿乔木；单干不分枝，茎顶具绒毛，树冠伞形。叶大型，聚生茎顶，一回羽状深裂，羽片斜展成“V”形，边缘明显反卷。雌雄异株，球花单生枝顶，雄球花长圆柱形，雌球花略成扁球形，大孢子叶宽卵形，有羽状裂，密被黄褐色毛，在下部两侧着生 2 ~ 4 个裸露的直立胚珠。

相近树种鉴别要点检索

1. 树干具有茎顶绒毛。
  2. 羽片斜展成“V”形排列，边缘显著反卷 ……………… 苏铁 *C. revoluta* Thunb.
  2. 羽片平展成平面，边缘平展 ……………… 攀枝花苏铁 *C. panzhihuaensis* Cheng et L. K. Fu.
1. 树干无茎顶绒毛。
    3. 树干灰白色，树皮纵裂，叶痕后期脱落 ……………… 越南篦齿苏铁 *C. elonga* (Leandri) D. Y. Wang.
    3. 树干不为灰白色，树皮不裂，叶痕不脱落。
      4. 大孢子叶球松散型，大孢子叶顶片边缘具浅齿，胚珠发育后大孢子叶通常下垂 ……………… 刺叶苏铁 *C. rumphii rumphii* Miquel.
      4. 大孢子叶球紧密型，大孢子叶顶片边缘羽状分裂，顶裂片与侧裂片等大，胚珠发育后大孢子叶依然直立或斜上 ……………… 四川苏铁 *C. szechuanensis* L. Zhou et S. Y. Yang.

攀枝花苏铁 *Cycas panzhihuaensis* Cheng et L. K. Fu　苏铁科 Cycadaceae

植株

茎顶绒毛

叶片

越南篦齿苏铁 *C. elonga* (Leandri) D. Y. Wang　苏铁科 Cycadaceae

植株

茎顶无绒毛

叶片

雄球花

四川苏铁 *C. szechuanensis* L. Zhou et S. Y. Yang　苏铁科 Cycadaceae

植株

叶片

大孢子叶

茎顶无绒毛

刺叶苏铁 *C. rumphii* Miquel　苏铁科 Cycadaceae

植株

大孢子叶

叶柄

叶片

异叶南洋杉 *Araucaria heterophylla* (Salisb.) Franco　南洋杉科 Araucariaceae

植株

树形和习性：常绿乔木，原产地高60~70 m。树冠塔形。
树皮：粗糙，暗灰色，横裂成薄片。
枝条：大枝轮生，小枝平展或斜展下垂，常呈羽状排列。
叶：二型。幼树及侧生枝的叶排列疏松，开展，钻形上弯，具3~4 棱，长0.6~1.2 cm；大树的叶排列较密，微开展，宽卵形或三角形，长0.5~0.9 cm。
球花：雌雄同株。雄球花单生叶腋，长椭圆形。
球果：较大，近球形，苞鳞上部肥厚，边缘具锐脊，刺状具尖头，向后显著反曲。
种子：两侧具结合而生的宽翅。
花果期：花期4~5 月；果熟期10 月。
分布：原产于大洋洲诺和克岛。为中国栽培最普遍的一种，从华南向北至成都地区，能露地生长。

枝条

树皮

带叶小枝

鉴别要点

常绿乔木，树冠塔形。树皮粗糙，暗灰色，横裂成薄片，大枝轮生，小枝平展或斜展下垂，常呈羽状排列。叶二型。

相近树种鉴别要点检索

1. 树皮，暗红色。带叶小枝在主枝上不规划排列，上下扁或背部具纵脊；球果椭圆状卵 …………………………………… 南洋杉（猴子杉）*A. cunninghamii* Sweet
1. 树皮粗糙，暗灰色。叶钻形，通常两侧扁，四菱状；带叶小枝在主枝上二列排列，球果较大，近球形 …………………………………… 异叶南洋杉 *A. heterophylla* (Salisb.) Franco

---

南洋杉（猴子杉）*A. cunninghamii* Sweet　南洋杉科 Araucariaceae

植株

枝条及雌球果

枝条

球果

枝条

树皮

杉木 *Cunninghamia lanceolata* (Lamb.) Hook.　杉科 Taxodiaceae

植株

树形和习性：常绿乔木，高达 30 m；幼树树冠尖塔形，大树树冠圆锥形。
树皮：灰褐色，裂成长条片脱落，内皮淡红色。
枝条：大枝平展，小枝近对生或轮生，常成二列状，幼枝绿色；冬芽近圆形。
叶：主枝上叶螺旋状排列，侧枝之叶基部扭转成二列状，宽披针形或条状披针形，通常微弯、呈镰状。
球花：单性，雌雄同株；雄球花圆锥状，通常40余个簇生枝顶，雌球花单生或2~3(~4)个集生。
球果：卵圆形，长2.5~5 cm，径3~4 cm；成熟时苞鳞革质，棕黄色，三角状卵形，种鳞很小，先端三裂。
种子：种子扁平，两侧边缘有窄翅。
花果期：花期4月；球果10月下旬成熟。
分布：栽培区北起中国秦岭南坡，东至华东，南至广东、广西，西至西南地区。为重要的木材树种，广泛栽培。

雄球花

雌球果

带果枝条

鉴别要点

常绿乔木；叶在主枝上螺旋状排列，侧枝之叶基部扭转成二列状，宽披针形或条状披针形，通常微弯、呈镰状。球果卵圆形。

落羽杉类

水杉、水松、落羽杉、池杉、墨西哥落羽杉等杉科植物在株型、应用区域、景观功能等方面都有相似之处，近年又同时广泛应用于水体植物景观营造，由于外形相似、功能相近，因而时常混淆。

落羽杉 *Taxodium distichum* (L.) Rich.　杉科 Taxodiceae

植株

雌球果及带叶枝条

雄球花

树皮

树形和习性：落叶乔木，幼树树冠圆锥形，老树呈宽圆锥状。
树皮：灰色、灰褐色或暗灰色，幼树裂成薄片脱落，大树裂成长条状脱落，内皮淡紫褐色。
枝条：大枝平展，小枝下垂。
叶：螺旋状排列，条形，在侧生小枝上成二列状，冬季与枝一同脱落。
球花：雄球花卵圆形，在球花枝上排成总状花序状或圆锥花序状，生于小枝顶端；雌球花圆形。
球果：球形或卵圆形，具短梗或几无梗；种鳞木质，盾形，顶部呈不规则的四边形。
种子：不规则三角形，有锐棱。
花果期：花期3月；球果10月成熟。
分布：原产于北美东南部，耐水湿，能生于排水不良的沼泽地上。中国华南地区广泛栽培，长江流域也有栽培。

相近树种鉴别要点检索

1. 叶和种鳞均对生；叶条形，排列成两列，侧生小枝连叶于冬季脱落；球果的种鳞盾形，木质，能育种鳞有5~9粒种子；种子扁平，周围有翅 …………………………………………………… 水杉 *Metasequoia glyptostroboides* Hu et Cheng
1. 叶和种鳞均为螺旋状着生，或叶排成一个平面，互生状；叶条形、钻形或鳞叶。球果的种鳞盾形或扁平。
　2. 叶条形排成二列，形成一个平面，羽状。
　　3. 落叶乔木，羽状带叶小枝二列排列在一个平面 ……………………………… 落羽杉 *T. distichum* (L.) Rich.
　　3. 常绿或半常绿乔木，羽状带叶小枝螺旋状排列 …………………………… 墨西哥落羽杉 *T. mucronatum* Tenore
　2. 叶为鳞叶、钻形叶或少有条形叶，常螺旋状排列。
　　4. 落叶乔木，下部主枝向上伸展，树冠较窄，呈尖塔形，叶钻形 ……………… 池杉 *T. ascendens* Brongn.
　　4. 半常绿乔木，下部主枝平展，树冠圆锥形；叶有鳞形、条形或条状钻形三种 ……………………………………………………… 水松 *Glyptostrobus pensilis* (Staunt.) Koch

水松 *Glyptostrobus pensilis* (Staunt.) Koch　杉科 Taxodiceae

植株

植株

枝叶及果

池杉 *Taxodium ascendens* Brongn.　杉科 Taxodiceae

植株

雄球花

枝条带雌球果

墨西哥落羽杉 *Taxodium mucronatum* Tenore　杉科 Taxodiceae

植株

带叶枝条螺旋排列

带叶小枝，上为墨西哥落羽杉，下为落羽杉

柳杉 *Cryptomeria fortunei* Hooibrenk ex Otto et Dietr. 杉科 Taxodiaceae

植株

树皮

树形和习性： 常绿乔木，高40 m，树冠圆锥形。
树皮： 红棕色，裂成长条片脱落。
枝条： 大枝近轮生，平展或斜展；小枝细长，常下垂。
叶： 钻形略向内弯曲，先端内曲，四边有气孔线，长1~1.5 cm。
球花： 雌雄同株。雄球花单生叶腋，长椭圆形。雌球花顶生于短枝上。
球果： 圆球形或扁球形，径1.2~2 cm，多为1.5~1.8 cm；种鳞20 左右，上部有4~5 个短三角形裂齿，齿长2~4 mm，能育的种鳞有2 粒种子。
种子： 种子褐色，近椭圆形。
花果期： 花期4~5 月；果熟期10 月。
分布： 原产于中国长江以南各地。朝鲜、日本等国家也有栽培。

雄球花

球果

鉴别要点

常绿乔木，树冠圆锥形。树皮红褐色，纵裂，枝开展，小枝细长，下垂，绿色，叶钻形，内弯。

相近树种鉴别要点检索

1. 叶先端向内弯曲。种鳞较少，20 片左右，苞鳞的尖头和种鳞先端的裂齿较短，裂齿长 2~4 mm，每种鳞有 2 粒种子 ………………………… 柳杉 *C. fortunei* Hooibrenk ex Otto et Dietr.
1. 叶直伸，先端通常不内曲。种鳞 20~30 片，苞鳞的尖头和种鳞先端的裂齿较长，裂齿长 6~7 mm，每种鳞有 2~5 粒种子 ………………………… 日本柳杉 *C. japonica* (L. f.) D. Don

日本柳杉 *Cryptomeria japonica* (L. f.) D. Don 杉科 Taxodiaceae

带叶枝条

带叶枝条

球果

树皮

罗汉松 *Podocarpus macrophyllus* D. Don　罗汉松科 Podocarpaceae

树形和习性： 常绿乔木，树冠阔卵形。

树皮： 灰褐色，薄片状剥落。

枝条： 螺旋状互生。

叶： 单叶螺旋状互生，条状披针形，长7~12 cm，宽0.5~0.7 cm，中脉明显凸出。

球花： 雌雄异株。雄花球3~5簇生叶腋。雌球花单生，珠托圆柱形，通常1胚珠，光滑。种托肉质。

种子： 核果状，着生于肥大肉质的紫色种托上。种托托承种子，外形如披袈裟的罗汉，故有罗汉松之称。

花果期： 花期4~5月；果熟期8~10月。

分布： 原产于中国长江以南各地。朝鲜、日本和印度等国家也有栽培。

植株

树皮

雄球花

枝叶及雌球花

鉴别要点

常绿乔木。叶螺旋状互生，条状披针形，中脉明显凸出。雌球花单生，雄球花3～5簇生叶腋。种子核果状，着生于肥大肉质圆柱形的紫色种托上。

相近树种鉴别要点检索

1. 叶披针形，渐尖或长渐尖，边缘平展。
　2. 叶先端长渐尖，长7~15 cm，宽0.9~1.3 cm………………………………百日青 *P. neriifolius* D. Don
　2. 叶先端尖，或钝或圆，如长尖头，则叶长5~9 cm，宽0.3~0.6 cm………………罗汉松 *P. macrophyllus* D. Don
1. 叶倒披针形，顶端圆钝，边缘反卷………………………………兰屿罗汉松 *P. costalis* Presl

百日青 *Podocarpus neriifolius* D. Don 罗汉松科 Podocarpaceae

植株

树皮

树皮

枝叶

枝叶及雌球花

兰屿罗汉松 *Podocarpus costalis* Presl 罗汉松科 Podocarpaceae

植株

鸡毛松 *Dacrycarpus imbricatus* (Bl.) de Laubenf.　罗汉松科 Podocarpaceae

树形和习性： 常绿，高达30 m，胸径2 m，树干通直。
枝条： 开展或下垂常不分枝；小枝密生纤细，下垂或向上伸展。
树皮： 灰褐色。
叶： 具异型叶，螺旋状排列，下延生长。老枝及果枝叶呈鳞形或钻形，覆瓦状排列；生于幼树、萌生枝或小枝顶端，叶呈钻状条形，质软，排成二列。
球花： 雌雄异株；雄球花穗状，生于小枝顶端；雌球花单生或成对生于小枝顶端。
种子： 无梗，卵圆形，有光泽，成熟时肉质假种皮红色，着生于肉质种托上。
花果期： 花期4月；果期10月。
分布： 产于中国海南、广西、云南，多生于山谷、溪涧旁。

鉴别要点

叶异型，鳞叶或钻形叶覆瓦状排列，条形叶二列状排列；种子具红色假种皮。

植株

枝叶

叶

果

树皮

三尖杉 *Cephalotaxus fortunei* Hook.　三尖杉科 Cephalotaxaceae

植株

树形和习性: 常绿乔木, 高达 30 m, 树冠广圆形。
树皮: 褐色或红褐色, 裂成片状脱落。
枝条: 枝条较细长, 稍下垂。
叶: 排成两列, 披针状条形, 通常微弯, 长4~13(多为 5~10)cm, 宽3.5~4.5 mm, 上部渐窄, 先端有渐尖的长尖头, 基部楔形或宽楔形, 正面深绿色, 中脉隆起, 背面气孔带白色, 较绿色边带宽3~5 倍, 绿色中脉带明显或微明显。
球花: 雄球花8~10 聚生成头状。 雌球花的胚珠3~8 枚发育成种子。
种子: 椭圆状卵形或近圆球形, 长约2.5 cm, 假种皮成熟时紫色或红紫色, 顶端有小尖。
花果期: 花期4 月, 种子8~10 月成熟。
分布: 长江流域、珠江流域及河南南部、陕西南部、甘肃南部。

鉴别要点

常绿乔木；树冠广圆形。小枝下垂。叶排成两列,披针状条形,先端有渐尖的长尖头,基部楔形或宽楔形,叶背中脉明显。

雄球花

雌球花

树皮

相近树种鉴别要点检索

1. 叶较长, 长 4~13(多为 5~10)cm, 披针状条形, 通常微弯, 先端有渐尖的长尖头, 基部楔形或宽楔形 ………………………… 三尖杉 *C. fortunei* Hook.
1. 叶较短, 长 1.5~5 cm, 条形, 先端渐尖或急尖, 基部圆形或圆截形 ………………… 粗榧 *C. sinensis* (Rehd. et Wils.) Li

粗榧 *Cephalotaxus sinensis* (Rehd. et Wils.) Li　三尖杉科 Cephalotaxaceae

植株

雄球花

枝条

叶片

南方红豆杉 *Taxus wallichiana* var. *mairei* (Lemee et Levl.) L. K. Fu et N. Li

红豆杉科 Taxaceae

植株

树形和习性：常绿乔木，高达30 m，胸径100 cm。
树皮：红褐色或暗褐色，条片状剥落。
枝条：小枝不规则互生。
叶：质地较厚，较长，弯镰状，边缘不反卷，中脉带上有成片或零星的角质乳头状突起。
球花：雌雄异株，球花单生叶腋，雄球花球形，有梗，雌球花近无梗，珠托圆盘状。
种子：坚果状，当年成熟，生于红色杯状肉质假种皮中。
花果期：球花早春开放；球果11月左右。
分布：产于中国西南各省区、秦岭、大别山以南，南至华南北部；海拔1200 m以下山地林中。

鉴别要点

叶弯镰状，叶背面有2条较宽的黄绿色气孔带，树皮条片状剥落。

枝叶

种子

雄球花

树皮

银杏 *Ginkgo biloba* L.　银杏科 Ginkgoaceae

植株

叶片

带种子枝条

树皮

树形和习性：落叶乔木，高达 40 m；幼年及壮年树冠圆锥形，老树广卵形。
树皮：幼树树皮浅纵裂，大树之皮呈灰褐色，深纵裂，粗糙。
枝条：枝近轮生，斜上伸展。有长短枝之分；冬芽黄褐色，常为卵圆形，先端钝尖。
叶：扇形，有长柄，有多数叉状并列细脉，顶端宽5~8 cm，顶端常二裂。
球花：单性，雌雄异株。雄花柔荑花序。
种子：具长梗，下垂，常为椭圆形、长倒卵形、卵圆形，长2.5~3.5 cm，径为2 cm。
花果期：花期3~4 月；种子9~10 月成熟。
分布：银杏是中生代孑遗的稀有树种，为中国特有，银杏的栽培区甚广，北自东北沈阳，南达广州，东起华东，西南至贵州、云南西部。银杏为绿化树种。

鉴别要点

落叶乔木；枝条近轮生，小枝有长短枝之分；叶扇形，有多数叉状并列细脉，顶端常二裂。雌雄异株，雄花柔荑花序。

马尾松 *Pinus massoniana* Lamb.　松科 Pinaceae

松属是常绿的乔木或灌木，以其叶针形，通常2、3、5针一束为特点，球果种鳞宿存，背面上方具鳞盾等明显特征，容易鉴别。

植株

树形和习性：常绿乔木，高45 m，树冠宽塔形或伞形。
树皮：红褐色，下部灰褐色，裂成不规则的鳞状块片。
枝条：枝平展或斜展。
叶：针叶常2针一束，稀有3针一束，长12~20 cm，细柔，微扭曲；叶鞘宿存。
球花：雌雄同株。
球果：球卵圆形或圆锥状卵圆形，长4~7 cm，径2.5~4 cm，有短梗，下垂鳞盾菱形，微隆起或平，横脊微明显，鳞脐微凹，无刺。
种子：长卵圆形，长4~6 mm，连翅长2~2.7 cm。
花果期：花期4~5月；球果翌年10~12月成熟。
分布：原产于中国长江以南各地。

球果

树皮

鉴别要点

常绿乔木，树冠宽塔形或伞形。针叶常2针一束，叶鞘宿存。球果卵圆形，鳞盾菱形，鳞脐微凹，无刺。

相近树种鉴别要点检索

1. 针叶5针（或更多）一束；叶鞘早落，成熟叶束无叶鞘。
  2. 针叶较长，8~15 cm。老树树皮裂成方形、长方形厚块片固着。球果大，长10~20 cm，径5~8 cm ······ 华山松 *P. armandii* Franch.
  2. 针叶较短，3.5~7 cm；老树树皮裂成鳞状块片脱落。球果小，长4~9 cm，径3~6 cm。
    3. 针叶细，径不及1 mm，长3.5~5.5 cm；小枝有密毛 ······ 日本五针松 *P. parviflora* Sieb. et Zucc.
    3. 针叶粗，径1~1.5 mm，长3.5~7 cm；小枝无毛，极少有疏毛 ······ 华南五针松 *P. kwangtungensis* Chun ex Tsiang
1. 针叶2~3针一束；叶鞘宿存。
    4. 针叶2针一束，稀有3针一束，长12~20 cm，细柔，微扭曲；种鳞鳞脐微凹，无刺 ······ 马尾松 *P. massoniana* Lamb.
    4. 针叶3针一束，或3针、2针并存，种鳞鳞脐有短刺或无刺。
      5. 针叶3针一束，稀有2针一束。鳞脐微凹，无刺 ······ 云南松 *P. yunnanensis* Franch.
      5. 针叶3针、2针一束并存。鳞脐瘤状，先端急尖，刺手 ······ 湿地松 *P. elliottii* Engelm.

华山松 *P. armandii* Franch.　松科 Pinaceae

植株

球果

雌球花

日本五针松 *P. parviflora* Sieb. et Zucc.　松科 Pinaceae

植株

雄球花

球果

树皮

华南五针松 *Pinus kwangtungensis* Chun ex Tsiang　松科 Pinaceae

植株

枝条

树皮

湿地松 *Pinus elliottii* Engelm.　松科 Pinaceae

植株

枝叶

球果

枝条

树皮

云南松 *Pinus yunnanensis* Franch.　松科 Pinaceae

枝条

枝叶

球果

柏属 *Cupressus* L. 与扁柏属 *Chamaecyparis* Spach

这二属植物的许多性状相同，如都为常绿乔木，鳞叶对生，雌雄同株，球果木质开裂，种鳞盾形等。二者差别如下：

柏属：鳞叶一型，生鳞叶的小枝不排列成平面，或很少排列成平面，但小枝下垂（柏木）；球果第二年成熟；发育的种鳞有5至多粒种子。

扁柏属：鳞叶二型，生鳞叶的小枝，排列成平面，常平展；球果当年成熟；发育种鳞各具2~5（通常3）粒种子。

柏木 *Cupressus funebris* Endl.　柏科 Cupressaceae

树形和习性：常绿乔木，高35 m。
树皮：淡褐灰色，裂成窄长条片。
枝条：小枝细长下垂，生鳞叶的小枝扁，排成一平面，绿色，较老的小枝圆柱形，暗褐紫色。
叶：鳞叶二型，长1~1.5 mm，两侧的叶对折，背部有棱脊。
球花：雌雄异株同株。雄球花椭圆形或卵圆形，雌球花近球形。
球果：圆球形，直径0.8~1.2 cm，成熟时暗褐色；种鳞4对，盾状着生。
种子：宽倒卵状菱形或近圆形，扁，成熟时淡褐色。
花果期：花期3~5月；种子翌年5~6月成熟。
分布：产于中国浙江、福建、江西、湖南、湖北西部、四川北部及西部大相岭以东、贵州东部及中部、广东北部、广西北部、云南东南部及中部等地区。

雄球花

下垂枝叶

球果

鉴别要点

常绿乔木。小枝细长下垂，生鳞叶的小枝扁，排成一平面。鳞叶二型。球果圆球形，种鳞4对，盾状着生。

相近树种鉴别要点检索

1. 生鳞叶小枝平展，两面异型。球果紫褐色，较大，直径1.6~3 cm，当年成熟，发育种鳞各具2~5（通常3）粒种子 ······ 日本扁柏 *Chamaecyparis obtusa* (Sieb. et Zucc.) Endl.
2. 生鳞叶的小枝下垂，两面同型。球果棕色，较小，直径0.8~1.2 cm，翌年成熟，发育种鳞具5~6粒种子 ······ 柏木 *C. funebris* Endl.

日本扁柏 *Chamaecyparis obtusa* (Sieb. et Zucc.) Endl.　柏科 Cupressaceae

枝叶正面

枝叶

植株

枝叶背面

球果

侧柏 *Platycladus orientalis* (L.) Franco　柏科 Cupressaceae

植株

树形和习性：乔木，高达20 m，树冠卵状尖塔形（幼树），广圆形（老树）。

树皮：薄，浅灰褐色，纵裂成条片。

枝条：生鳞叶的小枝细，扁平，排成一平面，向上直展或斜展。

叶：鳞形，二型，交叉对生，排成四列，基部下延生长，背面有腺点。

球花：雌雄同株。

球果：近卵圆形，长1.5~2（2.5）cm。成熟后木质开裂，种鳞扁平。

种子：卵圆形或近椭圆形，无翅或有极窄之翅。

花果期：花期3~4月；球果10月成熟。

分布：产于中国各地，园林中广泛应用。

枝条

雌球花

鉴别要点

常绿乔木或灌木，树冠卵状尖塔形（幼树），广圆形（老树）。生鳞叶的小枝排成一平面，向上直展或斜展，鳞叶二型，交叉对生，基部下延生长。球果成熟后木质开裂，种鳞扁平。

枝叶

球果

圆柏属 *Sabina* Mill. 与刺柏属 *Juniperus* L.

这二属有许多共同的地方，因此不少人将二属合在刺柏属之下，如球果圆球形或卵圆形，成熟时种鳞合生，肉质，不张开；种子无翅。

圆柏 *Sabina chinensis* (L.) Ant.　柏科 Cupressaceae

树形和习性： 常绿乔木，高20 m。
树皮： 深灰色，纵裂，成条片开裂。
枝条： 幼树的枝条通常斜上伸展，形成尖塔形树冠，老树下部大枝平展，形成广圆形的树冠。
叶： 二型，刺叶及鳞叶，三叶轮生。
球花： 雌雄异株。雄球花椭圆形，雌球花近球形。
球果： 圆球形，直径6~8 mm，两年成熟，熟时暗褐色，肉质不开裂。
种子： 卵圆形，扁。
花果期： 花期3~5月；种子翌年5~6月成熟。
分布： 产于中国内蒙古乌拉山、河北、山西、山东、江苏、浙江、福建、安徽、江西、河南、陕西南部、甘肃南部、四川、湖北西部、湖南、贵州、广东、广西北部及云南等地。

植株

雄球花与雌球花

鉴别要点

常绿乔木。叶二型，刺叶及鳞叶，三叶轮生。球果圆球形，肉质不开裂。

刺叶与鳞叶

二属常见种类鉴别要点检索

1. 叶全为刺叶或鳞叶，或同一植株刺叶鳞叶兼有，刺叶基部无关节，下延生长；冬芽不显著；球花单生枝顶，雌球花具 3~8 片轮生或交叉对生的珠鳞。
  2. 叶全为刺形，三叶交叉轮生，稀交叉对生。匍匐灌木。球果具 2~3 粒种子 ……………… 铺地柏 *S. procumbens* (Endl.) Iwata et Kusaka
  2. 叶全为鳞形或兼有鳞叶与刺叶，三叶轮生。乔木、灌木，个别变种匍匐灌木，但刺叶对生 ……………… 圆柏 *S. chinensis* (L.) Ant
1. 叶全为刺叶，基部有关节，不下延生长；冬芽显著；球花单生叶腋；雌球花具 3 片轮生的珠鳞。
  2. 乔木 ……………… 刺柏 *J. formosana* Hayata

铺地柏 *Sabina procumbens* (Endl.) Iwata et Kusaka　柏科 Cupressaceae

植株

枝叶

刺柏 *Juniperus formosana* Hayata　柏科 Cupressaceae

植株

果实

枝叶

福建柏 *Fokienia hodginsii* (Dunn) Henry et Thomas　柏科 Cupressaceae

树形和习性： 树冠卵圆形至椭圆形。常绿乔木，高达30 m 或更高，胸径达1 m。
枝条： 生鳞叶的小枝扁平，排成一平面，三出羽状分枝。
树皮： 紫褐色，近平滑或浅纵裂。
叶： 鳞叶二型，小枝上下中央之叶较小，紧贴，两侧之叶较大，对折而互覆于中央之叶的侧边，背面鳞叶有粉白色气孔带。
球花： 雌雄同株，球花单生枝顶；雌球花有珠鳞6~8 对，每珠鳞具2 胚珠。
球果： 近球形；种鳞木质，盾形，顶部微凹，中央有一凸起小尖头，成熟时开裂，具2 种子；种子卵圆形，种脐明显，上部有两个大小不等的翅。
花果期： 花期3~4 月；果期翌年10~11 月。
分布： 主产于中国中南、华南至西南地区。越南北部也有分布。

植株

球果和枝条背面特写

枝条

枝条上面叶片特写

鉴别要点

生鳞叶的小枝扁平，排成一平面，三出羽状分枝；鳞叶二型；鳞叶背面有粉白色气孔带；侧生鳞叶较长，且尖锐；种鳞 6~8 对，木质，开裂。

竹柏 ***Nageia nagi*** **(Thunb.) O. Kuntze**　罗汉松科 Podocarpaceae

植株

树形和习性：常绿乔木，高20 m，树冠圆锥形。
树皮：黑褐色，光滑。
枝条：分枝较小，轮生状。
叶：单叶对生，椭圆至卵圆披针形，全缘，表面光滑，叶长3.5~9 cm，宽1.5~2.5 cm，平行脉不明显，无中脉。
球花：雌雄异株。雄花穗腋生。
球果：雌球果顶生或腋生，通常1胚珠。种托木质化。
种子：球形，紫黑色，被白粉。
花果期：花期4~5月；果期10~11月。
分布：主要产于中国浙江、福建、江西、四川、广东、广西、湖南等地。

枝叶

球果

雄球花

鉴别要点

常绿乔木，树冠圆锥形。叶对生，革质，平行脉不明显，无中脉。种子球形，熟时紫黑色，外被白粉；种托不膨大，木质。

相近树种鉴别要点检索

1. 叶革质，卵形、卵状披针形或披针状卵圆形，长5~9 cm，宽1.5~2.5 cm，先端尖；雄球花穗状圆柱形，单生常成分枝状，种子直径1.2~1.5 cm……………………竹柏 *N. nagi* (Thunb.) O. Kuntze
1. 叶厚革质，宽披针形，通常长8~18 cm，宽2.2~4.2 cm；雄球花3~6个簇生于一短梗上，种子直径1.5~1.8 cm……………………长叶竹柏 *N. fleuryi* (Hichel) de Laubenf.

白斑竹柏 *N. nagi* ‘Variegata’，叶白色或具白色条纹；黄金竹柏 *N. nagi* ‘Golden Leaves’，新叶金黄色。

长叶竹柏 ***Nageia fleuryi*** **Hickel**　罗汉松科 Podocarpaceae

植株

枝叶

叶片

球果

树皮

树皮

被子植物

被子植物（Angiosperm）又名开花植物，是植物界最高级的一类。全世界现已知被子植物共1万多属20多万种，其中，中国有2700多属约3万种。不同的被子植物的习性、形态和大小差别很大，从极微小的浮萍到巨大的乔木，有草本、藤本、灌木、乔木。

被子植物的叶形、大小和结构差异很大，与裸子植物的不同在于，有网状叶脉，即使是单子叶植物的平行脉，其小叶脉同样构成网状；在于具有花器官，胚珠包被在子房中，最终形成包被在果实中的种子。

蜡梅 *Chimonanthus praecox* (L.) Link　蜡梅科 Calycanthaceae

植株

树形和习性：落叶灌木，高达4 m。
树皮：灰白色。
枝条：幼枝四方形，老枝近圆柱形，灰褐色，无毛或被疏微毛，有皮孔。
叶：单叶对生，卵圆形、椭圆形、宽椭圆形至卵状椭圆形，有时长圆状披针形，长5~25 cm，宽2~8 cm，顶端急尖至渐尖，有时具尾尖，基部急尖至圆形。
花与花序：花腋生，先花后叶，芳香，直径2~4 cm；花被片圆形、长圆形、倒卵形、椭圆形或匙形，膜质，黄色，无毛，内部花被片比外部花被片短，基部有爪。
果：坛状或倒卵状椭圆形，长2~5 cm，直径1~2.5 cm，口部收缩，并具有钻状披针形的被毛附生物。
花果期：花期11 月至翌年3 月；果期4~11 月。
分布：野生于中国山东、江苏、安徽、浙江、福建、江西、湖南、湖北、河南、陕西、四川、贵州、云南等地区；广西、广东等均有栽培。

鉴别要点

落叶灌木。幼枝四方形，老枝近圆柱形，灰褐色。单叶对生，倒阔卵形至倒卵形或阔卵形至近圆形。花腋生，先花后叶，芳香，花被片圆形、长圆形、倒卵形、椭圆形或匙形，膜质，黄色。

枝条

花枝

花

果实

尖叶四照花 *Dendrobenthamia angustata* (Chun) Fang　山茱萸科 Cornaceae

植株

树形和习性：常绿乔木或灌木。

树皮：灰色或灰褐色，平滑。

枝条：幼枝灰绿色，被白贴生短柔毛，老枝灰褐色，近于无毛。冬芽小，圆锥形。

叶：单叶对生，革质，长圆椭圆形，稀有卵状椭圆形或披针形，长7~9 (12)cm，宽2.5~4.2(5)cm，先端渐尖形，具尖尾，叶边全缘。

花与花序：头状花序球形，由55~80(95) 朵花聚集而成，直径8 mm；总苞片4，长卵形至倒卵形，长2.5~5 cm，宽9~22 mm，先端渐尖或微突尖形，基部狭窄，初为淡黄色，后变为白色。

果：果序球形，直径2.5 cm，成熟时红色，被白色细伏毛。

花果期：花期6~7 月；果期10~11 月。

分布：产于中国陕西南部、甘肃南部以及浙江、安徽、江西、福建、湖北、湖南、广东、广西、四川、贵州、云南等地区。

花

果

鉴别要点

常绿乔木或灌木。叶对生，革质，长圆椭圆形，具尖尾，叶边全缘。头状花序球形，总苞片 4，长卵形至倒卵形，初为淡黄色，后变为白色。

相近树种鉴别要点检索

1. 叶亚革质或革质。
    2. 叶长圆椭圆形，稀有阔卵形、倒卵状椭圆形或披针形，长 7~9(11.5)cm，宽 2.5~4.2(6)cm，叶尖长渐尖，脉腋通常无孔穴 …………………………………… 尖叶四照花 *D. angustata* (Chun) Fang
    2. 叶长圆椭圆形或长圆披针形，长 5.5~11 cm，宽 2~3.4 cm，叶尖短尖，脉腋通常有孔穴 …………………………………… 头状四照花 *D. capitata* (Wall.) Hutch.
1. 叶纸质。
    3. 叶卵形或卵状椭圆形，长 6~12 cm，基部圆形或阔楔形，侧脉 3~4(5) 对，背面脉腋具白色簇生的绢状毛 …………………………………… 日本四照花 *D. japonica* (DC.) Fang
    3. 叶长椭圆形至卵状椭圆形，长 6~13 cm，基部楔形，侧脉 6~7 对，背面脉腋具簇生的白毛或近于无毛 …………………………………… 多脉四照花 *D. multinervosa* (Pojark.) Fang

头状四照花 *Dendrobenthamia capitata* (Wall.) Hutch　山茱萸科 Cornaceae

植株

叶片

日本四照花 *D. japonica* (DC.) Fang　山茱萸科 Cornaceae

枝条

叶片与果实

多脉四照花 *D. multinervosa* (Pojark.) Fang　山茱萸科 Cornaceae

植株

叶片

花

黄杨 *Buxus sinica* (Rehd. et Wils.) Cheng　黄杨科 Buxaceae

植株

树形和习性: 常绿灌木，小乔木。
树皮: 粗糙。
枝条: 圆柱形，有纵棱，灰白色；小枝四棱形。
叶: 对生，革质，阔椭圆形、阔倒卵形，长1.5~3.5 cm，宽0.8~2 cm，先端圆或钝，常有小凹口，基部圆或急尖或楔形，叶边全缘。
花与花序: 花序腋生，头状，花密集，花序轴长3~4 mm，被毛。
果: 蒴果近球形，长6~8(10)mm，宿存花柱长2~3 mm。
花果期: 花期3月；果期5~6月。
分布: 中国黄河流域以南地区广泛栽培。

鉴别要点

常绿灌木或小乔木；小枝四棱形。叶对生，革质，阔椭圆形、阔倒卵形，先端圆或钝，常有小凹口，全缘；无花瓣，蒴果具宿存的花柱，3裂。

单叶↓叶对生 叶全缘

花

果

相近树种鉴别要点检索

1. 叶匙形至狭长倒卵形，长 2~4 cm，宽 8~18 mm……………… 雀舌黄杨 *B. bodinieri* Levl.
1. 叶阔椭圆形至长椭圆形，长 1.3~3.5 cm，宽 8~20 mm……………… 黄杨 *B. sinica* (Rehd. et Wils.) Cheng

雀舌黄杨 ***Buxus bodinieri* Levl.**　黄杨科 Buxaceae

植株

枝叶

蒲桃 ***Syzygium jambos* (L.) Alston**　桃金娘科 Myrtaceae

树形和习性：常绿乔木。
枝条：小枝圆形。
叶：单叶对生，革质，叶片披针形或长圆形，长12~25 cm，宽3~4.5 cm，先端长渐尖，基部阔楔形，叶面多透明细小腺点，侧脉12~16 对，靠近边缘2 mm 处相结合成边脉。有气味。
花与花序：聚伞花序顶生，花白色，直径3~4 cm；萼管倒圆锥形，长8~10 mm，萼齿4，半圆形；花瓣分离，阔卵形，长约14 mm；雄蕊长2~2.8 cm。
球果：果实球形，果皮肉质，直径3~5 cm，成熟时黄色，有油腺点。
种子：种子1~2 粒，多胚。
花果期：花期3~4 月；果实5~6 月成熟。
分布：中南半岛、马来西亚、印度尼西亚等地。产于中国台湾、福建、广东、广西、贵州、云南等地区。喜生河边及河谷湿地。

花序

果实

鉴别要点

常绿乔木。叶对生，披针形，有气味。聚伞花序顶生，花白色，直径 3~4 cm；雄蕊多数，长 2~2.8 cm。果实球形，果皮肉质，直径 3~5 cm，成熟时黄色，有油腺点。

植株

树皮

相近树种鉴别要点检索

1. 常绿乔木，叶大，长 10 cm 左右，宽 3 cm 以上。
  2. 叶披针形，先端渐尖。花果较大 ………… 蒲桃 *S. jambos* (L.) Alston
  2. 叶椭圆形至长圆形，先端短尖。
    3. 叶柄长 0.5~1 cm，侧脉不明显；花直径 1 cm，果实卵圆形或壶形，长 1~2 cm，直径 0.5 cm ………… 海南蒲桃（乌墨）*S. cumini* (L.) Skeels
    3. 叶柄极短，侧脉明显；花直径 2~3 cm，果实梨形或圆锥形，肉质，洋红色，长 4~5 cm，直径 2~3 cm ………… 洋蒲桃 *S. samarangense* (Blume) Merr. et Perry
1. 常绿灌木或小乔木，叶小，长 5 cm 左右，宽 1.5 cm 以下。
  2. 叶较小，长 2 cm 左右，宽 1 cm 以下。
    3. 幼枝有棱；叶对生，椭圆形 ………… 赤楠 *S. buxifolium* Hook. et Arn.
    3. 幼枝四棱；常 3 叶轮生，狭窄长圆形狭披针形 ………… 轮叶蒲桃 *S. grijsii* (Hance) Merr. et L. M. Perry
  2. 叶较大，长 3 cm 左右，宽 2 cm 左右。
    4. 常绿灌木，叶长圆形，叶尖较长 ………… 钟花蒲桃 *S. campanulatum* Korth
    4. 常绿乔木或灌木，叶卵状椭圆形，叶尖短突 ………… 红鳞蒲桃（红车）*S. hancei* Merr. et L. M. Perry

海南蒲桃（乌墨）*S. cumini* (Linn.) Skeels　桃金娘科 Myrtaceae

植株

枝叶

果序

花序

洋蒲桃 *S. samarangense* (Blume) Merr. et Perry　桃金娘科 Myrtaceae

植株

果枝

枝叶

幼叶

果

赤楠 *S. buxifolium* Hook. et Arn.　桃金娘科 Myrtaceae

植株

枝叶

花

轮叶蒲桃 *Syzygium grijsii* (Hance) Merr. et L. M. Perry

植株

花

果

钟花蒲桃 *S. campanulatum* Korth

桃金娘科 Myrtaceae

植株

叶片

幼叶

红鳞蒲桃 (红车) *S. hancei* Merr. et L. M. Perry

植株

枝叶

桃金娘 ***Rhodomyrtus tomentosa*** **(Ait.) Hassk.**　桃金娘科 Myrtaceae

树形和习性: 常绿灌木，高1~2 m。
树皮: 黄褐色。
枝条: 嫩枝有灰白色柔毛。
叶: 单叶对生，叶革质，椭圆形或倒卵形，背面被灰白色茸毛，离基三出脉。
花: 花冠初开时淡紫红色，渐变为粉红色至白色，直径2~4 cm；雄蕊多数，花丝红色。
果: 浆果卵状壶形，长1.5~2 cm，成熟时紫黑色，萼片宿存。
花果期: 花期4~6月；果期7~8月。
分布: 原产于中国东南部、南部至西南部以及亚洲热带其他地区。

带花蕾的枝叶

花

果

叶正面

叶背面

植株

嘉宝果 *Plinia cauliflora* (Mart.) Kausel　桃金娘科 Myrtaceae

树形和习性：常绿小乔木或灌木。
树皮：树皮薄脆，在萌发新芽期间呈灰白色，之后缓慢剥落。
根：根系分布浅，须根多。
枝条：树体具有较强的分枝成枝能力，呈现自然圆头形树形，枝条柔软下垂，树干光滑。
叶：叶片表面带有蜡质，深绿色有光泽，披针形或椭圆形。
花与花序：花簇生，萌发于树干和主枝上，白色有香味，雄蕊多，花粉淡黄色，不需要异花授粉。
果：果实球状，幼果青绿色，成熟时呈紫黑色，直径1.5~4.0 cm，果肉白色柔软。
种子：每个果有 1~4 粒种子，果皮外表结实光滑。
花果期：一年四季都可于主干和主枝上开花结果，其中只有4~5月的果较为集中。
分布： 原产于南美洲南部、巴拉圭、阿根廷北部及玻利维亚西部地区。目前主要在中国台湾、福建、广东、浙江等南方地区引进种植。

植株

花

果

枝叶

枝和果

巴西樱桃 *Eugenia brasiliensis* Lam.　　桃金娘科 Myrtaceae

树形和习性：常绿灌木，树姿较开张，树冠椭圆，中心主干不明显。
树皮：树干灰白色，小枝灰褐色 。
枝条：全年都有新梢生长，分枝性强。
叶：对生，革质，叶片卵形或长椭圆形。
花与花序：腋生的花，单生或在两组或三组。
果：圆形，紫色，红色或黄色。
种子：种皮外皮灰褐色或黄褐色，颜色不均匀，内种皮颜色与外种皮颜色相似，但稍微深色一点，子叶颜色乳白色，合点颜色褐色单胚。
花果期：花期开花时2~5月；果期3~6月。
分布：原产于南美洲，热带、亚热带也有种植。

花

果

植株

单叶↓叶对生
叶全缘

番石榴 *Psidium guajava* L.　桃金娘科 Myrtaceae

树形和习性: 常绿小乔木，高达10 m。
树皮: 树皮鳞片状脱落，树干褐色，光滑。
枝条: 小枝四棱形，有毛。
叶: 单叶对生，叶柄甚短；叶革质，全缘，中脉和侧脉在正面凹下；叶揉碎有香气。
花: 花梗长；花冠白色，芳香，直径约2.5 cm，花瓣4~5；雄蕊多数，数轮排列，分离，着生于花盘上。
果: 浆果球形或梨状卵圆形，顶端冠以宿萼，熟后淡黄色，表面光滑；果肉白色或胭脂红色，种子多数。
花果期: 每年常开花两次，第一次在4~5 月开放，第二次在8~9 月开放；果于花后2 个月成熟。
分布: 原产于美洲。中国有引种。

枝叶

树形

果枝

花

树干

果

鉴别要点

单叶对生，叶柄甚短；中脉和侧脉在正面凹下；叶揉碎有香气。浆果球形或梨状卵圆形，顶端冠以宿萼。

络石 ***Trachelospermum jasminoides*** **(Lindl.) Lem.** 夹竹桃科 Apocynaceae

植株

树形和习性：常绿木质藤本，长达10 m，具乳汁。
树皮：茎赤褐色，圆柱形，有皮孔。
枝条：小枝被黄色柔毛，老时渐无毛。
叶：对生，革质或近革质，椭圆形至卵状椭圆形或宽倒卵形，长2~10 cm，宽1~4.5 cm，顶端锐尖至渐尖或钝，有时微凹或有小凸尖，基部渐狭至钝；叶柄内和叶腋外腺体钻形，长约1 mm。
花与花序：二歧聚伞花序腋生或顶生，花多朵组成圆锥状；花白色，芳香；花萼5深裂，裂片线状披针形，顶部反卷，基部具10枚鳞片状腺体；花冠筒圆筒形，中部膨大，花冠裂片5片，旋转状。
果：蓇葖双生，叉开，长10~20 cm，宽3~10 mm。
种子：种子多颗，褐色，线形，长1.5~2 cm，直径约2 mm，顶端具白色绢质种毛；种毛长1.5~3 cm。
花果期：花期3~7月；果期7~12月。
分布：山东、陕西以南以及长江流域、珠江流域。

枝叶

花

鉴别要点

常绿木质藤本，具乳汁。叶对生，革质，椭圆形至卵状椭圆形或宽倒卵形。二歧聚伞花序腋生或顶生，花白色，芳香；花冠筒圆筒形，花冠裂片5片，旋转状。蓇葖双生，叉开。

龙吐珠 ***Clerodendrum thomsonae*** **Balf.** 马鞭草科 Verbenaceae

植株

花

鉴别要点

常绿攀缘状灌木，幼枝四棱形。单叶对生，狭卵形或卵状长圆形，全缘，基脉三出。聚伞花序腋生或假顶生，二歧分枝。花萼白色，基部合生，中部膨大，有5棱脊，花冠深红色。

树形和习性：常绿攀缘状灌木，高2~5 m。
枝条：幼枝四棱形，被黄褐色短绒毛，老时无毛，小枝髓部嫩时疏松，老后中空。
叶：单叶对生，狭卵形或卵状长圆形，长4~10 cm，宽2.5~4 cm，顶端渐尖，基部近圆形，全缘，基脉三出。
花与花序：聚伞花序腋生或假顶生，二歧分枝。花萼白色，基部合生，中部膨大，有5棱脊，顶端5深裂；花冠深红色，花冠管与花萼近等长；雄蕊4，与花柱同时伸出花冠外。
果：核果近球形，径约1.4 cm，内有2~4分核，外果皮光亮，棕黑色；宿存萼不增大，红紫色。
花果期：花期3~5月；果期7~8月。
分布：原产于西非。中国华南园林有应用，其他地区有温室栽培。

相近树种鉴别要点检索

1. 叶三出脉，花萼白色 ………… 龙吐珠 *C. thomsonae* Balf.
1. 叶羽状脉，花萼红色或紫色。
   2. 叶基部圆形，叶全缘平坦，叶尖短尖。花萼紫色 ………… 红花龙吐珠 *C. speciosum* W. Bull
   2. 叶基部心形，叶全缘波状，叶尖短尾尖。花萼红色 ………… 美丽龙吐珠 *C. splendens* G. Don

红花龙吐珠 *Clerodendrum speciosum* W. Bull　马鞭草科 Verbenaceae

花序

叶片

枝叶

植株

美丽龙吐珠 *C. splendens* G. Don　马鞭草科 Verbenaceae

植株

花序

花序

枝叶

龙船花 *Ixora chinensis* Lam.　茜草科 Rubiaceae

植株

树形和习性: 常绿直立灌木，高0.8~2 m。

树皮: 树皮光滑。

枝条: 初时深褐色，有光泽，老时呈灰色。

叶: 对生，披针形、长圆状披针形至长圆状倒披针形，长6~13 cm，宽3~4 cm，顶端钝或圆形，基部圆形。托叶长5~7 mm，基部阔，合生成鞘形，顶端长渐尖，渐尖部分成锥形，比鞘长。

花与花序: 聚伞花序顶生，花数多萼管长1.5~2 mm，萼檐4 裂，裂片极短，长0.8 mm，短尖或钝；花冠红色或橙黄色，盛开时长2.5~3 cm，顶部4 裂，裂片倒卵形或近圆形，扩展或外反，长5~7 mm，宽4~5 mm，顶端钝或圆形。

果: 近球形，双生，中间有一沟，成熟时为红黑色。

花果期: 花期5~7 月；果期7~9 月。

分布: 中国华南地区有栽培。

花序

叶片

植株

花序

花序

鉴别要点

常绿灌木。叶对生，少数 3 叶轮生，叶间具鞘状托叶。聚伞花序顶生，花冠高脚碟状，4 裂。

相近树种鉴别要点检索

1. 叶片较小，长 2.5~3.5 cm，宽 1~1.5 cm，矩圆形或倒披针形，顶端具突尖，排列紧密 ……………… 仙丹龙船花 *I. williamsii* Sandwith

1. 叶片较大，长 5 cm 以上，宽 3 cm 以上，排列较稀疏。

  2. 披针形、长圆状披针形，花红色或橙红色 ……………… 龙船花 *I. chinensis* Lam.

  2. 叶倒披针形，花黄色或红色。

    3. 叶较大，叶尖渐尖，花红色 ……………… 大王龙船花 *I. duffii* T. Moore ‘Super King’

    3. 叶较小，叶尖圆钝或急尖，花黄色、红色 ……………… 泰国龙船花 *I. lutea* Hutch.

大王龙船花 *Ixora duffii* T. Moore 'Super King' 茜草科 Rubiaceae

植株

植株

枝叶花

花序

泰国龙船花 *Ixora lutea* Hutch

茜草科 Rubiaceae

植株

花枝

叶片

仙丹龙船花 *Ixora williamsii* Sandwith

茜草科 Rubiaceae

植株

枝叶

花序

诺丽果 *Morinda citrifolia* L.　茜草科 Rubiaceae

树形和习性：灌木至小乔木。
树皮：主干树皮光滑，浅褐色。
枝条：茎直，枝近四棱柱形。
叶：叶交互对生，长圆形、椭圆形或卵圆。
花：头状花序。
果：聚花核果、浆果，卵形。
种子：种子小，扁，长圆形下部有翅。
花果期：花果期全年。
分布：产于台湾、海南等地。分布自印度和斯里兰卡，经中南半岛，南至澳大利亚北部，东至波利尼西亚等地区及其海岛。

花枝

花

叶正面

花果

咖啡 *Coffea arabica* L.　茜草科 Rubiaceae

植株

树形和习性：多年生常绿灌木或小乔木。
树皮和枝条：老枝灰白色，节膨大，幼枝无毛，压扁形。
叶：叶对生，革质，长卵形。
花：洁白的花朵，花瓣呈螺旋排列。
果：椭圆形，浆果，深红色。
种子：呈椭圆形或卵形，内藏两粒种子。
花果期：花期在每年3月，采果期因种类而异，小粒种9~11月采，9~10月为盛果期；中粒种11月至次年6月采，2~4月为盛果期。
分布：原产于非洲，中国华南、西南有引种栽培。

枝叶

花

果

水团花 *Anthocephalus chinensis* (Lam.) Rich. ex Walp.　茜草科 Rubiaceae

树形和习性: 常绿灌木或小乔木，高3~8 m，树冠宽卵形。
树皮: 树皮红褐灰色。
枝条: 小枝淡绿色，对生，具皮孔，无毛。
叶: 单叶对生，全缘；叶倒卵状披针形，长4~12 cm，宽2~3 cm，薄革质，叶基楔形。
花: 头状花序单生于叶腋；花5 数，白色(初淡黄白色)；雄蕊不伸出花冠，花柱伸出花冠，柱头球形。
果: 蒴果4 裂。
花果期: 花期6~7 月；果期11 月。
分布: 产于中国江西、福建、浙江、湖南、贵州、广东、广西、云南、海南等地；海拔200~650 m，生长于沟谷、溪边，较耐水湿。

相近树种鉴别要点检索

1. 叶倒卵状披针形，长 4~12 cm，头状花序单生于叶腋 .... 水团花 *A. chinensis*
1. 叶卵状披针形，长 2~4 cm，头状花序单生于枝顶和叶腋 .... 细叶水团花 *A. rubella* Hance

单叶→叶对生
叶全缘

鉴别要点

枝、叶无毛，枝有托叶痕。单叶对生，托叶三角形 2 深裂至近基部；中脉凸起，侧脉弧形、稀疏；头状花序单生于叶腋；花 5 数，白色 (初为淡黄白色)，蒴果。

花枝

花枝

果枝

蒴果

植株

茉莉花 *Jasminum sambac* (L.) Ait.　木犀科 Oleaceae

植株

树形和习性： 直立或藤状灌木，南方常绿。
枝条： 小枝圆柱形或稍压扁状，有时中空，疏被柔毛。
叶： 单叶对生，叶片圆形、椭圆形、卵状椭圆形或倒卵形，长4~12.5 cm，宽2~7.5 cm，两端圆或钝，基部有时微心形，叶全缘。
花与花序： 聚伞花序顶生，通常有花3 朵，花极芳香；花萼无毛或疏被短柔毛，裂片线形，长5~7 mm；花冠白色，常重瓣，花冠管长0.7~1.5 cm，裂片长圆形至近圆形，宽5~9 mm，先端圆或钝。雄蕊2 枚。
果： 球形，径约1 cm，呈紫黑色。
花果期： 花期5~8 月；果期7~9 月。
分布： 中国南方和世界各地广泛栽培。

花序

花枝

花枝

鉴别要点

常绿灌木，单叶对生，叶片圆形、椭圆形。花冠白色，常重瓣，极香。雄蕊 2 枚。

相近树种鉴别要点检索

1. 小枝、花序及花萼密被黄色、黄褐色或锈色毛。花多朵成密集的聚伞花序或为圆锥状。花冠裂片 8 枚，长圆形或狭椭圆形，宽 4~6 mm ······ 毛茉莉 *J. multiflorum* (Burm. f.) Andr.
1. 小枝、花序及花萼疏被短柔毛至无毛；聚伞花序通常有花 3 朵；重瓣花花冠裂片长圆形或近圆形，先端钝或圆，宽 5~9 mm ······ 茉莉花 *J. sambac* (L.) Ait.

毛茉莉 *Jasminum multiflorum* (Burm. f.) Andr.　木犀科 Oleaceae

植株

花枝

女贞 *Ligustrum lucidum* Ait.　木犀科 Oleaceae

植株

树形和习性：常绿乔木或灌木。
树皮：灰褐色。
枝条：黄褐色、灰色或紫红色，圆柱形，疏生圆形或长圆形皮孔。
叶：单叶对生，革质，卵形、长卵形或椭圆形至宽椭圆形，长6~17 cm，宽3~8 cm，先端锐尖至渐尖或钝，基部圆形或近圆形，叶缘平坦，正面光亮，两面无毛。
花与花序：圆锥花序顶生，长8~20 cm，宽8~25 cm。花冠管长1.5~3 mm，裂片长2~2.5 mm，反折，雄蕊2枚。
果：肾形或近肾形，深蓝黑色，成熟时呈红黑色，被白粉。
花果期：花期5~7月；果期7月至翌年5月。
分布：产于长江以南至华南、西南各地区，向西北分布至陕西、甘肃等地。

鉴别要点

常绿乔木或灌木。单叶对生，革质，叶片卵形、长卵形。圆锥花序顶生，花冠管与裂片等长，裂片反折，雄蕊2枚。

花序

枝叶

果序

小蜡 *Ligustrum sinense* Lour.　木犀科 Oleaceae

植株

花序

果序

忍冬（金银花）*Lonicera japonica* Thunb.　忍冬科 Caprifoliaceae

植株

枝条

花序

老茎

树形和习性： 半常绿木质藤本。
树皮： 褐色，片状脱落。
枝条： 幼枝红褐色，密被黄褐色、开展的硬直糙毛、腺毛和短柔毛，下部常无毛。
叶： 单叶对生，卵形至矩圆状卵形，长3~5 cm，顶端尖或渐尖，少有钝、圆或微凹缺，基部圆或近心形，有糙缘毛，叶柄长4~8 mm，密被短柔毛。
花与花序： 花通常成对生于腋生的总花梗顶端，简称“双花”。萼筒长约2 mm，无毛，萼齿卵状三角形或长三角形，顶端尖而有长毛，外面和边缘都有密毛；花冠白色，有时基部向阳面呈微红，后变黄色，长 (2) 3~4.5 (6) cm，唇形。
果： 圆形，直径6~7 mm，成熟时蓝黑色，有光泽。
种子： 卵圆形或椭圆形，褐色，长约3 mm。
花果期： 花期4~6月（秋季亦常开花）；果熟期10~11月。
分布： 除黑龙江、内蒙古、宁夏、青海、新疆、海南和西藏无自然生长外，全国各地均有分布。

鉴别要点

半常绿藤本。枝叶红褐色，密被黄褐色糙毛，单叶对生，卵形至矩圆状卵形，全缘，基部圆或近心形。花通常成对生于腋生的总花梗顶端，简称“双花”，花先白色，后变黄色，故称“金银花”。

绣球花 *Hydrangea macrophylla* (Thunb.) Ser.　虎耳草科 Saxifragaceae

植株

枝叶

花序

花序

树形和习性: 常绿灌木，高1~4 m，组成圆形灌丛。
树皮: 树皮常有皮孔。
枝条: 枝圆柱形，粗壮，紫灰色至淡灰色，无毛，具少数长形皮孔。
叶: 叶对生、纸质或近革质，倒卵形或阔椭圆形，长6~15 cm，宽4~11.5 cm，先端骤尖，具短尖头，基部钝圆或阔楔形，边缘于基部以上具粗齿。
花与花序: 伞房状聚伞花序近球形，直径8~20 cm，花密集，多数不育；不育花萼片4，阔卵形、近圆形或阔卵形，长1.4~2.4 cm，宽1~2.4 cm，粉红色、淡蓝色或白色。
果: 很少见。
花果期: 花期6~8月。
分布: 产于中国山东、河南，以及华中、华东、华南、西南等地。

鉴别要点

常绿灌木成圆形灌丛。叶大型对生，倒卵形或阔椭圆形，长 6~15 cm，宽 4~11.5 cm。伞房状聚伞花序近球形，直径 8~20 cm，花密集，多数不育。

桂花 *Osmanthus fragrans* (Thunb.) Lour. 木犀科 Oleaceae

树形和习性： 常绿乔木或灌木，高3~5 m，最高可达18 m。

树皮： 树皮灰褐色。

枝条： 小枝黄褐色，无毛。

叶： 单叶对生，叶片革质，椭圆形、长椭圆形或椭圆状披针形，长7~14.5 cm，宽2.6~4.5 cm，先端渐尖，基部渐狭呈楔形或宽楔形，全缘或通常上半部具细锯齿，两面无毛。

花与花序： 聚伞花序簇生于叶腋，或簇生叶腋，花冠黄白色、淡黄色、黄色或橘红色，长3~4 mm，花冠管仅长0.5~1 mm；雄蕊2 枚，着生于花冠管中部。花芳香。

果： 歪斜，椭圆形，长1~1.5 cm，呈紫黑色。

种子： 1~5 粒，球形或扁球形，直径1~1.5 cm，褐色，光亮。

花果期： 花期9~10 月上旬；果期翌年3 月。

分布： 原产于中国西南部。现全国各地广泛栽培。

植株

花枝

花枝

果枝

鉴别要点

常绿乔木或灌木。单叶对生，叶片革质，椭圆形、长椭圆形，全缘或通常上半部具细锯齿，两面无毛。聚伞花序簇生于叶腋，花冠黄白色、淡黄色、黄色或橘红色，雄蕊 2 枚。花芳香。

鹅掌楸 *Liriodendron chinense* (Hemsl.) Sargent.　木兰科 Magnoliaceae

植株

树形和习性： 落叶乔木，高16~40 m。树冠圆锥形，冠幅4~5 m。
树皮： 纵裂，灰色。
枝条： 小枝灰或灰褐色，托叶环明显。
叶： 叶马褂状，长4~18 cm，宽5~19 cm，3 裂，基部1 对裂片，前端裂片较长；叶柄长4~8 cm。
花与花序： 两性花，花杯状，直径4~6 cm；花被片倒卵形，淡绿色，具有明显的黄纵纹，内面近基部淡黄色，长3~4 cm；雄蕊和心皮多数，分离。
果： 聚合果纺锤形，长7~9 cm，小坚果有翅，顶端钝。
花果期： 花期5~6 月；果期9~10 月。
分布： 分布于中国长江以南各地区。

叶片

花

果

树皮

鉴别要点

落叶乔木；枝条灰色，具有托叶环，叶马褂状，老叶背面具白粉；花杯状，雄蕊和心皮多数，分离。聚合果纺锤形，小坚果有翅。

相近树种鉴别要点检索

1. 落叶乔木，小枝紫红色或紫褐色，树皮棕褐色，纵裂纹较深；叶鹅掌形，较短宽，两侧各有2~3 裂，老叶背面无白粉，花被片卵形，绿黄色……………………………………………………北美鹅掌楸 L. *tulipifera*
1. 落叶大乔木，高可达 40 m，杂交种，树皮较细腻，叶马褂状，3~5 裂，叶形变异较大…………………………………………………………………杂交鹅掌楸 L. *chinense* × *tulipifera*

北美鹅掌楸 *Liriodendron tulipifera*
木兰科 Magnoliaceae

枝叶

花

树皮

杂交鹅掌楸 *Liriodendron chinense* × *tulipifera*　木兰科 Magnoliaceae

植株

叶片

树皮

法国梧桐(三球悬铃木) *Platanus orientalis* L.　悬铃木科 Platanaceae

植株

树形和习性：落叶乔木，树冠阔钟形。
树皮：灰褐色至灰白色，呈薄片状剥落。
枝条：幼枝、幼叶密生褐色星状毛。
叶：掌状5~7 裂，深裂达中部，裂片长大于宽，叶基阔楔形或截形，叶缘有齿牙，掌状脉。
花与花序：雌雄同株，头状花序，黄绿色。
果：多数坚果聚合成球形，3~6 球成一串，宿存花柱长，呈刺毛状，果柄长而下垂。
花果期：花期4~5 月；果9~10 月成熟。
分布：分布于中国长江流域各地区。

鉴别要点

落叶乔木，干皮灰褐色至灰白色，呈薄片状剥落，叶掌状 5~7 裂，头状花序黄绿色，3~6 球成一串。

枝叶

叶

果枝

相近树种鉴别要点检索

1. 叶深裂，中央裂片长度大于宽度，托叶小于 1 cm，花萼、花瓣各 4 枚，果枝有球状果序 3 个以上，坚果之间有突出的绒毛……法国梧桐 *P. orientalis* L.
1. 叶深裂或浅裂，托叶长于 1 cm，花萼、花瓣各 4~6 枚，果枝有球状果序 1~2 个，稀有 3 个，坚果之间的毛不突出。
    2. 托叶长约 1.5 cm，叶 5~7 掌状深裂，花萼、花瓣各 4 枚，果序常为 2 个，稀有 1 或 3 个……英国梧桐 *P.* × *acerifolia* (*P. orientatis* × *occidentatis*) (Ait.) Willd.
    2. 托叶长于 2 cm，叶多为 3 浅裂，花萼、花瓣各 4~6 枚，果序常单生，稀 2 个……美国梧桐 *P. occidentalis* L.

英国梧桐(二球悬铃木)*Platanus*× *acerifolia* (*P. orientatis* × *occidentatis*) (Ait.) Willd.

悬铃木科 Platanaceae

植株

叶片

果枝

美国梧桐(一球悬铃木)*Platanus occidentalis* L.　悬铃木科 Platanaceae

植株

果枝

叶片

枫香树 *Liquidambar formosana* Hance　金缕梅科 Hamamelidaceae

植株

树形和习性：落叶乔木，高达30 m，树冠椭圆形。
树皮：灰褐色，方块状剥落。
枝条：小枝干后灰色，被柔毛。
叶：薄，革质，阔卵形，掌状3裂，中央裂片较长，先端尾状渐尖；两侧裂片平展；基部心形。
花与花序：单性花，雄性短穗状花序常多个排成总状。雌性头状花序有花24~43朵，花序柄长3~6 cm。
果实与种子：头状果序圆球形，木质，直径3~4 cm；蒴果下半部藏于花序轴内。
花果期：花期5~7月；果期10~11月。
分布：产于中国秦岭及淮河以南各地，北起河南、山东，东至台湾，西至四川、云南及西藏，南至广东，既可作庭院树，也可作行道树。

叶片

果实

鉴别要点

落叶乔木。掌状三裂叶，具三出脉。雄性短穗状花序常多个排成总状，雌性头状花序，头状果序圆球形。

相近树种鉴别要点检索

1. 叶五裂，具5条掌状脉，基部截形至浅心形 ······ 美国枫香 *L. styraciflua* L.
1. 叶三裂，具有三出脉，叶基部圆形至心形 ······ 枫香树 *L. formosana* Hance

美国枫香 *Liquidambar styraciflua* L.　金缕梅科 Hamamelidaceae

植株

枝叶、雌、雄花序

榆树 ***Ulmus pumila* L.** 榆科 Ulmaceae

植株

枝叶

果实

果枝

树皮

树形和习性: 落叶乔木，高达25 m。

树皮: 幼树树皮平滑，灰褐色或浅灰色，大树之皮暗灰色，不规则深纵裂，粗糙。

枝条: 小枝无毛或有毛，淡黄灰色、淡褐灰色或灰色；冬芽近球形或卵圆形。

叶: 椭圆状卵形、长卵形、椭圆状披针形或卵状披针形，长2~8 cm，宽1.2~3.5 cm，先端渐尖或长渐尖，基部近对称，一侧楔形至圆，另一侧圆至半心脏形，叶面平滑无毛，边缘具重锯齿或单锯齿，侧脉每边9~16 条。

花与花序: 花先叶开放，在去年生枝的叶腋成簇生状。

果: 翅果近圆形，长1.2~2 cm，果核部分位于翅果的中部。

花果期: 花果期3~6 月。

分布: 分布于东北、华北、西北及西南各地区。

鉴别要点

落叶乔木，幼树树皮平滑，灰褐色或浅灰色，大树树皮暗灰色，不规则深纵裂，粗糙；冬芽近球形或卵圆形。叶椭圆状卵形、长卵形。翅果近圆形。

相近树种鉴别要点检索

1. 树皮不规则纵裂，粗糙。小枝幼时有细毛或几乎无毛，后变无毛。果核部分不宽于周围之翅。
   2. 叶先端渐尖，基部极偏斜，一边楔形，一边半圆形至半心脏形，边缘具重锯齿，叶背常有疏生毛，脉腋处有簇生毛；冬芽卵圆形。翅果椭圆形或宽椭圆形 ……………… 美国榆 *U. americana* L.
   2. 叶先端渐尖或骤凸，基部通常对称，叶通常单锯齿，无毛；冬芽近球形或卵圆形。翅果近圆形，稀倒卵状圆形。……………… 榆树 *U. pumila* L.
1. 树皮裂成不规则鳞状薄片剥落，露出红褐色内皮，近平滑，微凹凸不平。当年生枝密被短柔毛，深褐色；冬芽卵圆形，红褐色，无毛。翅果长约 1 cm，椭圆形，果核部分较两侧之翅为宽 ……………… 榔榆 *U. parvifolia* Jacq.

美国榆 *Ulmus americana* L.　榆科 Ulmaceae

植株

枝叶

榔榆 *Ulmus parvifolia* Jacq　榆科 Ulmaceae

植株

枝叶

树干

果枝

树皮

光叶榉 *Zelkova serrata* (Thunb.) Makino　榆科 Ulmaceae

植株

树形和习性： 落叶乔木，高达 30 m。
树皮： 灰白色或褐灰色，呈不规则的片状剥落。
枝条： 当年生枝紫褐色或棕褐色。冬芽圆锥状卵形或椭圆状球形。
叶： 卵形、椭圆形或卵状披针形，长3~10 cm，宽1.5~5 cm，先端渐尖或尾状渐尖，基部对称，有的稍偏斜，圆形或浅心形，成熟叶两面几乎无毛，边缘有圆齿状锯齿，具短尖头，侧脉7~14 对。
花与花序： 花单性，较小。
果： 核果，偏斜，宿存的柱头呈喙状。
花果期： 花期4 月；果期9~11 月。
分布： 产于华北、华东、华中和华南北部地区。

鉴别要点

落叶乔木；小枝冬芽明显；叶多为卵状披针形，基部对称，侧脉细密，明显，平行。核果。

枝条

叶片

相近树种鉴别要点检索

1. 当年生枝紫褐色或棕褐色，无毛或疏被短柔毛；叶缘锯齿较深，齿尖突出，叶两面光滑无毛，或在背面沿脉疏生柔毛，在叶面疏生短糙毛 …………………… 光叶榉 *Z. serrata* (Thunb.) Makino
1. 当年生枝灰色或灰褐色，密生灰白色柔毛；叶缘锯齿较浅，齿尖不明显，叶背密生柔毛，叶面被糙毛 …………………… 大叶榉 *Z. schneideriana* Hand. –Mazz.

大叶榉 *Zelkova schneideriana* Hand. -Mazz.　榆科 Ulmaceae

植株

枝叶

叶片

果枝

枝叶

树皮

朴树（黄果朴）*Celtis sinensis* Pers.　榆科 Ulmaceae

植株

枝叶

花枝

果枝

树皮

树形和习性：落叶乔木，高达 15 m，胸径60 cm；树冠卵圆形。
树皮：呈黑褐色，表面光滑不开裂，呈细小的鳞片状，有明显皮孔。
枝条：暗褐色，密被毛，成熟后渐变光滑。
叶：单叶互生，表面呈深绿色，光亮平滑；叶圆形、椭圆形或阔卵形，长5~7 cm，宽3~4 cm；叶背近叶脉处被密柔毛；叶端较尖，基部钝圆歪斜；叶主脉有3 条，脉纹明显隆起；叶缘有锯齿。
花与花序：花单性、两性皆有，多数1~3 朵聚生。
果：核果球状或卵形，直径5~10 mm，初时呈绿色，成熟时呈黑色或暗橙黄色，单生叶腋。
花果期：花期1~5 月；果期9~10 月。
分布：主要分布于中国山东、河南和长江流域以南各地及华南地区。

鉴别要点

落叶乔木；叶卵形或卵状椭圆形，三出脉，基部几乎不偏斜或仅稍偏斜，先端尖至渐尖。核果。

相近树种鉴别要点检索

1. 成熟叶片和枝条密生短柔毛。叶片大而粗糙 ························· 珊瑚朴 *C. julianae* Schneid.
1. 成熟叶片和枝条近无毛。叶片较小，具光泽。
　2. 落叶乔木。叶圆形、椭圆形或阔卵形，茎部近对称，叶端短尖 ························· 朴树（黄果朴）*C. sinensis* Pers.
　2. 半常绿乔木。叶卵状椭圆形或近菱形，基部多偏斜，先端渐尖至短尾状渐尖 ························· 昆明朴（四蕊朴）*C. tetrandra* Roxb.

构树 ***Broussonetia papyifera* (Linn.) L'Hert. ex Vent.** 桑科 Moraceae

植株

鉴别要点

落叶乔木，枝叶均密生柔毛。单叶互生，广卵形至长椭圆状卵形，不分裂或3~5裂，小树的叶常有明显分裂，基生叶脉三出。花雌雄异株；雄花序为柔荑花序。雌花序球形头状。聚花果直径1.5~3 cm，成熟时橙红色，肉质。

叶片

果枝

果序

雄花序

雌花序

树皮

树形和习性：落叶乔木，高10~20 m。
树皮：暗灰色。
枝条：密生柔毛。
叶：广卵形至长椭圆状卵形，长6~18 cm，宽5~9 cm，先端渐尖，基部心形，两侧常不相等，边缘具粗锯齿，不分裂或3~5裂，小树的叶常有明显分裂，基生叶脉三出，侧脉6~7对。
花与花序：花雌雄异株；雄花序为柔荑花序。雌花序球形头状。
果：聚花果直径1.5~3 cm，成熟时橙红色，肉质。
种子：种子多数，钝角形，红色至乳白色，肉质的外种皮供食用。
花果期：花期4~5月；果期6~7月。
分布：全国各地。

桑树 *Morus alba* L.　桑科 Moraceae

树形和习性: 落叶灌木或乔木，高3~7 m，胸径50 cm，树冠倒卵圆形。
枝条: 具短柔毛，黄褐色，冬芽卵球，芽鳞3~6。
树皮: 树皮灰褐色。
叶: 单叶互生，卵形或宽卵形，先端尖或钝，基部圆或近心形，有粗钝锯齿，不裂或有缺裂。
花: 单性；雄花序下垂，花被片宽椭圆形，雌花序被毛，具总花梗，花被片倒卵形。
果: 聚花果卵状椭圆形，腋生，具柄，肉质，长1~2.5 cm，成熟时红色或暗紫色。
花果期: 花期2~4月；果期3~6月。
分布: 全国各地区有栽培或偶野生。朝鲜、日本、蒙古等地也有分布。

鉴别要点

单叶基部圆或近心形，有粗钝锯齿，不裂或有缺裂。聚花果卵状椭圆形，腋生，具柄，肉质，长1~2.5 cm，成熟时红色或暗紫色。

植株

果枝

果

果

果

麻栎 *Quercus acutissima* Carruth.　壳斗科 Fagaceae

植株

树形和习性：落叶乔木，高达30 m。

树皮：深灰褐色，深纵裂。

枝条：幼枝被灰黄色柔毛，后渐脱落，老时灰黄色，具淡黄色皮孔。

叶：常为长椭圆状披针形，长8~19 cm，宽2~6 cm，顶端长渐尖，基部圆形或宽楔形，叶缘有刺芒状锯齿。

花与花序：雄花序常数个集生于当年生枝下部叶腋，壳斗杯形，包着坚果约1/2，连小苞片直径2~4 cm，高约1.5 cm；小苞片钻形或扁条形，向外反曲，被灰白色绒毛。

果：坚果卵形或椭圆形，直径1.5~2 cm，高1.7~2.2 cm，顶端圆形，果脐突起。

花果期：花期3~4 月；果期翌年9~10 月。

分布：产于中国辽宁、河北、山西、山东、江苏、安徽、浙江、江西、福建、河南、湖北、湖南、广东、海南、广西、四川、贵州、云南等地区。

鉴别要点

落叶乔木，树皮深灰褐色，深纵裂，叶片长椭圆状披针形或卵状披针形，叶缘有刺芒状锯齿。坚果卵形或椭圆形，壳斗小苞片钻形或扁条形，反曲。

枝叶

树干

相近树种鉴别要点检索

1. 成熟叶背面密被灰白色星状毛；树皮木栓层发达；小枝无毛。坚果近球形，直径约 1.5 cm …………………………………… 栓皮栎 *Q. variabiis* Bl.

1. 成熟叶两面无毛或仅叶背脉上有柔毛；树皮木栓层不发达；幼枝被毛。坚果卵形或椭圆形，直径 1.5~2 cm …………………………………… 麻栎 *Q. acutissima* Carruth.

栓皮栎 *Quercus variabilis* Bl.　壳斗科 Fagaceae

植株

枝条

植株

叶片

树皮

板栗 *Castanea mollissima* Bl. 壳斗科 Fagaceae

植株

树形和习性： 高达20 m 的落叶乔木，胸径80 cm。
树皮： 黑褐色。
枝条： 小枝灰褐色。
叶： 椭圆至长圆形，长11~17 cm，宽稀达7 cm，顶部短至渐尖，基部近截平或圆，或两侧稍向内弯而呈耳垂状，常一侧偏斜而不对称，新生叶的基部常狭楔尖且两侧对称，叶背被星芒状伏贴绒毛或因毛脱落变为几乎无毛；叶柄长1~2 cm。
花与花序： 雄花序长10~20 cm，花序轴被毛；花3~5 朵聚生成簇，雌花1~3 (5) 朵发育结实，花柱下部被毛。
果： 坚果高1.5~3 cm，宽1.8~3.5 cm，果皮栗色。
种子： 与果实大小同。
花果期： 花期4~6 月；果期8~10 月。
分布： 除青海、宁夏、新疆、海南等少数地区外，还广布于中国南北各地。

果枝

枝条

果实

鉴别要点

乔木，小枝灰褐色，托叶长圆形被疏长毛及鳞腺，每壳斗有坚果 1~3 个，叶片顶部短尖或渐尖，叶背无鳞腺，有星芒状伏贴绒毛，或因毛脱落变为几乎无毛。

五桠果 *Dillenia indica* L. 五桠果科 Dilleniaceae

植株

树形和习性：常绿乔木。
树皮：红褐色，平滑，大块薄片状脱落。
枝条：嫩枝粗壮，有褐色柔毛，老枝秃净。
叶：单叶互生，薄革质，矩圆形或倒卵状矩圆形，长15~40 cm，宽7~14 cm，先端有长约1 cm的短尖头，基部广楔形，不等侧。侧脉25~56对，脉间相隔5~8 mm；第二次支脉近于平行，与第一次侧脉斜交，边缘有明显锯齿，齿尖锐利。
花：单生于枝顶叶腋内，直径12~20 cm，球形，花梗粗壮，被毛。萼片5个，肥厚肉质，近于圆形，直径3~6 cm，花瓣白色，倒卵形，长7~9 cm。雄蕊发育完全，外轮数目很多。
果：圆球形，直径10~15 cm，不裂开，宿存萼片肥厚，稍增大。
种子：种子压扁，边缘有毛。
花果期：花期4~5月；果期7~9月。
分布：分布于中国云南省南部，以及华南地区。

花枝

花

果

鉴别要点

常绿乔木。叶大互生，矩圆形或倒卵状矩圆形，侧脉25~56对，密集而平行。花单生于枝顶叶腋内，直径12~20 cm，球形；萼片5个，肥厚肉质，近于圆形，花瓣白色，倒卵形，雄蕊多数。果大，圆球形。

相近树种鉴别要点检索

1. 叶矩圆形，老叶秃净或仅背脉上有毛，侧脉25~50对。花单生，心皮约20个，果实直径10~13 cm …………………………… 五桠果 *D. indica* L.
1. 叶倒卵形，老叶背面被褐毛，侧脉15~25对。花数朵排成总状花序，心皮8~9个，花及果实直径4~5 cm …………………………… 大花五桠果 *D. turbinata* Finet et Gagnep.

大花五桠果 *Dillenia turbinata* Finet et Gagnep. 五桠果科 Dilleniaceae

植株

花

枝叶

破布叶 *Microcos neroosa* (Lour.) S. Y. Hu 椴树科 Tiliaceae

枝叶花

树形和习性：乔木，高达12 m。
树皮：灰色，近光滑。
枝条：幼枝有毛，具明显皮孔，栗色。
叶：卵状长圆形，长8~18 cm，宽4~8 cm，先端渐尖，基部圆形，近革质，粗糙。三出脉的两侧脉从基部发出，向上行超过叶片中部，边缘有细钝齿。
花与花序：顶生圆锥花序长4~10 cm。花两性，花瓣长圆形，长3~4 mm，花白色，雄蕊多数，比萼片短。
球果：核果近球状，长约1 cm；果柄短。
种子：种子1 粒，种皮木质。
花果期：花期6~7 月；果期8~9 月。
分布：产于中国广东、广西、云南。中南半岛、印度及印度尼西亚有分布。

枝叶果

鉴别要点

小乔木；叶长圆形，近革质，粗糙，基生三出脉。核果近球状，光滑。

植株

木荷 *Schima superba* Gardn. et Champ.　山茶科 Theaceae

树形和习性： 大乔木，高25 m，嫩枝通常无毛。

叶： 革质或薄革质，椭圆形，长7~12 cm，宽4~6.5 cm，先端尖锐，有时略钝，基部楔形，正面干后发亮，背面无毛，侧脉7~9 对，在两面明显，边缘有钝齿；叶柄长1~2 cm。

花： 生于枝顶叶腋，常多朵排成总状花序，直径3 cm，白色，花柄长1~2.5 cm，纤细，无毛；苞片2，贴近萼片，长4~6 mm，早落；萼片半圆形，长2~3 mm，外面无毛，内面有绢毛；花瓣长1~1.5 cm，最外1 片风帽状，边缘多少有毛；子房有毛。

果： 蒴果直径1.5~2 cm。

花果期： 花期6~8 月。

分布： 产于中国浙江、福建、台湾、江西、湖南、广东、海南、广西、贵州等地。

植株

花枝

花序

鉴别要点

常绿乔木。叶革质或薄革质，椭圆形，侧脉 7~9 对，在两面明显，边缘有钝齿；叶柄长 1~2 cm。花生于枝顶叶腋。

树皮

枝叶

茶梅 *Camellia sasanqua* Thunb.　山茶科 Theaceae

植株

树形和习性：小乔木，嫩枝有毛。

叶：革质，椭圆形，长3~5 cm，宽2~3 cm，先端短尖，基部楔形，有时略圆，叶无毛，侧脉5~6 对，在正面不明显，在背面能见到，网脉不显著；边缘有细锯齿。

花：大小不一，直径4~7 cm；苞及萼片6~7，被柔毛；花瓣6~7片，阔倒卵形，近离生，大小不一，红色；雄蕊离生，子房被茸毛，花柱长1~1.3 cm，3 深裂几乎离部。花瓣单独脱落。

果：蒴果球形，宽1.5~2 cm，1~3 室，果爿3 裂，种子褐色，无毛。

花果期：花期10 月下旬至翌年1 月。

分布：中国长江流域及以华南地区多有栽培。

花枝

枝叶

花瓣脱落

鉴别要点

嫩枝有毛。叶革质，椭圆形，先端短尖，基部楔形，有时略圆，侧脉 5~6 对，在正面不明显，在背面能见到，网脉不显著；边缘有细锯齿。花瓣 6~7 片，阔倒卵形，近离生，红色，单独脱落；雄蕊离生。

枝叶

叶片

在园林中，茶梅与山茶常配置在一起，外表易混淆。二者的区别如下：

树高：山茶属于常绿灌木或小乔木，成年山茶高可达 15 m，成年茶梅为灌木，高达 3 m。

嫩枝的差别：茶梅的嫩枝有毛，山茶嫩枝光滑。

叶片：茶梅叶片较小，叶长 5 cm 以下；山茶的叶片较大，长度都在 5 cm 以上；茶梅叶片颜色较深。

花期：山茶的花期在 1~3 月，而茶梅的花期在 11 月至翌年 1 月。

落花形态的差别：山茶花是整朵地凋落；而茶梅是花瓣一片片地散落。

相近树种鉴别要点检索

1. 叶全缘，有时叶尖端有 2~5 对锯齿，边缘具透明骨质状狭边，叶片倒披针形 ………………………… 杜鹃红山茶 *C. azalea* Wei
1. 叶缘锯齿明显，无骨质边，叶片椭圆形、卵状披针形。
   2. 苞片萼片未分化，多于 10 片，花开放时即脱落，花大，直径 5~10 cm，花无柄。嫩枝无毛或有毛。
      3. 嫩枝有毛。花丝离生，或基部稍连生，缺花丝管，花瓣离生或稍连生，白色。嫩枝有毛，花瓣先端凹入或 2 裂。
         4. 叶椭圆形，长圆形或倒卵形，长 5~7 cm，宽 2~4 cm，侧脉在正面能见到，在背面不很明显，花白色；花柱不同程度 3 裂 ………………………… 油茶 *C. oleifera* Abel
         4. 叶椭圆形，长 3~5 cm，宽 2~3 cm，侧脉在正面不明显，在背面能见到，网脉不显著，花柱 3 深裂，几乎至基部 ………………………… 茶梅 *C. sasanqua* Thunb.
      3. 嫩枝无毛。花丝连成短管，花瓣基部合生。
         5. 子房无毛。叶长 5~10 cm，宽 2.5~5 cm，先端略尖，或急短尖而有钝尖头，基部阔楔形，侧脉 7~8 对，在正背两面均能见到 ………………………… 山茶 *C. japonica* Li.
         5. 子房被茸毛。叶长 8~11 cm，宽 4~5.5 cm，先端尖锐或急短尖，基部楔形或圆形，侧脉 6~7 对，在正面能见到 ………………………… 滇山茶 *C. reticulata* Lindl.
   2. 苞及萼明显分化，苞片宿存或脱落，萼片宿存；花较小，直径 2~2.5 cm，有花柄。嫩枝无毛。叶长圆形或椭圆形，长 4~12 cm，宽 2~5 cm，侧脉 5~7 对，边缘有锯齿，叶柄长 3~8 mm ………………………… 茶 *C. sinensis* (L.) O. Ktze.

杜鹃红山茶 *Camellia azalea* Wei　山茶科 Theaceae

植株

枝叶

花枝

花

山茶 *Camellia japonica* Li.　山茶科 Theaceae

植株

叶片

花

油茶 *Camellia oleifera* Abel
山茶科 Theaceae

植株

果实

果实、种子

花

滇山茶 ***Camellia reticulata* Lindl.**　山茶科 Theaceae

植株

枝叶

花朵

茶 ***Camellia sinensis* (L.) O. Ktze.**　山茶科 Theaceae

植株

叶片

枝叶

花枝

中华猕猴桃 *Actinidia chinensis* Planch.　猕猴桃科 Actinidiaceae

植株

果枝

枝叶

果枝

鉴别要点

落叶木质藤本。幼枝、叶片及果实均被毛。单叶互生，幼枝或厚或薄地被有灰白色茸毛。聚伞花序1~3花。果黄褐色，近球形、圆柱形、倒卵形或椭圆形；宿存萼片反折。

树形和习性：大型落叶木质藤本。
树皮：灰白色。
枝条：幼枝或厚或薄地被有灰白色茸毛。
叶：单叶互生，长6~17 cm，宽7~15 cm，顶端截平形并中间凹入或具突尖、急尖至短渐尖，基部钝圆形、截平形至浅心形，边缘具睫状小齿，腹面深绿色，背面苍绿色，密被灰白色或淡褐色星状绒毛。
花与花序：聚伞花序1~3花，花序柄长7~15 mm，花柄长9~15 mm；花初放时白色，放后变淡黄色，有香气，直径1.8~3.5 cm。
果：黄褐色，近球形、圆柱形、倒卵形或椭圆形，长4~6 cm，被茸毛、长硬毛或刺毛状长硬毛；宿存萼片反折。
花果期：花期4~5月；果期9~11月。
分布：中国陕西、湖北、湖南、河南、安徽、江苏、浙江、江西、福建、广东（北部）和广西（北部）等地。

长芒杜英 *Elaeocarpus apiculatus* Masters　杜英科 Elaeocarpaceae

植株

树形和习性： 乔木，高达30 m，有板根。
树皮： 灰色。
枝条： 小枝粗壮，直径8~12 mm，被灰褐色柔毛，有多数圆形的叶柄遗留斑痕，干后皱缩多直条纹。
叶： 聚生于枝顶，革质，倒卵状披针形，长11~20 cm，宽5~7.5 cm，先端钝，偶有短小尖头，中部以下渐变狭窄，基部窄而钝。
花与花序： 总状花序生于枝顶叶腋内，长4~7 cm，有花5~14朵，花序轴被褐色柔毛；萼片6片，狭窄披针形，花瓣倒披针形，长1.3 cm，先端7~8裂，裂片长3~4 mm；雄蕊45~50枚，花药长4 mm，顶端有长达3~4 mm的芒刺。
果： 核果椭圆形，长3~3.5 cm，有褐色茸毛。
花果期： 花期8~9月；果实在冬季成熟。
分布： 产于中国云南南部、广东和海南等地。

鉴别要点

乔木，有板根。叶聚生于枝顶。总状花序，先端7~8裂；花瓣倒披针形，长1.3 cm，先端7~8裂，裂片长3~4 mm，雄蕊45~50枚。核果椭圆形，有褐色茸毛。

枝叶

花序

果枝

果实

板根

相近树种鉴别要点检索

1. 小枝纤细，无毛或初时被微毛，不久变秃净，无圆形叶痕。叶较小，长7~12 cm，宽1.5~4.0 cm。
  2. 叶倒披针形或披针形，先端渐尖，基部楔形。
    3. 叶狭窄倒披针形，长7~15 cm，宽1.5~3 cm，基部楔形，边缘密生小钝齿 ………………………… 水石榕 *E. hainanensis* Oliver
    3. 叶披针形或倒披针形，长7~12 cm，宽2~3.5 cm，基部楔形，常下延，边缘有小钝齿 ………………………… 杜英 *E. decipiens* Hemsl
  2. 叶倒卵形或倒披针形，先端钝，或略尖，基部窄楔形，下延，边缘有钝锯齿或波状钝齿 ………………………… 山杜英 *E. sylvestris* (Lour.) Poir.
1. 小枝粗壮，被灰褐色柔毛，有多数圆形叶痕，叶较大，长7~12 cm，宽5.0~7.5 cm。核果椭圆形，有褐色茸毛 ………………………… 长芒杜英 *E. apiculatus* Masters

杜英 *Elaeocarpus decipiens* Hemsl　杜英科 Elaeocarpaceae

植株

花序

果枝

树皮

水石榕 *Elaeocarpus hainanensis* Oliver　杜英科 Elaeocarpaceae

植株

花序

枝条

果实

山杜英 ***Elaeocarpus sylvestris* (Lour.) Poir.**　杜英科 Elaeocarpaceae

植株

花枝

枝条

枝条

木槿 *Hibiscus syriaous* L.　锦葵科 Malvaceae

植株

叶片

花蕾

花枝

花

树形和习性: 落叶灌木, 高3~4 m。
树皮: 光滑。
枝条: 小枝密被黄色星状绒毛。
叶: 菱形至三角状卵形, 长3~10 cm, 宽2~4 cm, 具深浅不同的3 裂或不裂; 叶柄长5~25 mm, 正面被星状柔毛; 托叶线形, 长约6 mm, 疏被柔毛。
花与花序: 花单生于枝端叶腋间, 不下垂; 小苞片6~8, 线形。花萼钟形, 长14~20 mm, 密被星状短绒毛, 裂片5; 花钟形, 淡紫色, 直径5~6 cm; 雄蕊花丝合生成管状, 柱头5 裂。
果: 蒴果卵圆形, 直径约12 mm, 密被黄色星状绒毛。
花果期: 花期7~10 月, 常不结果。
分布: 中国黄河以南地区均有栽培, 原产于中国中部地区。

鉴别要点

落叶灌木, 有星状短绒毛。单叶互生, 菱形至三角状卵形, 具深浅不同的 3 裂。雄蕊花丝合生成管, 柱头 5 裂。

相近树种鉴别要点检索

1. 叶近全缘; 叶卵形, 总苞杯状, 具 8~12 齿。花黄色 ························ 黄槿 *H. tiliaceus* L.
1. 叶具锯齿或齿牙。
  2. 叶卵形或卵状椭圆形, 不具裂片; 花下垂, 花梗无毛; 雄蕊柱长, 伸出花外。
    3. 花瓣深裂成流苏状, 反折; 萼管状 ························ 吊灯扶桑 *H. schizopetalus* (Masters) Hook. f.
    3. 花瓣不分裂或微具缺刻; 萼钟状 ························ 大红花（朱槿、扶桑）*H. rosa–sinensis* L.
  2. 叶卵形或心形, 常分裂; 花直立, 花梗被星状柔毛或长硬毛; 雄蕊柱不伸出花外。
    4. 叶基部心形、叶掌状, 有 5~11 掌状脉; 花柱分枝有毛 ························ 木芙蓉 *H. mutabilis* L.
    4. 叶基部楔形至宽楔形, 叶卵圆形或菱状卵圆形, 有 3~5 脉; 花柱分枝平滑无毛 ················ 槿 *H. syriacus* Linn.

木芙蓉 ***Hibiscus mutabilis* L.** 锦葵科 Malvaceae

植株

叶片

枝条

花

大红花（朱槿、扶桑）***Hibiscus rosa-sinensis* L.** 锦葵科 Malvaceae

植株

花

枝条

叶片

花

吊灯扶桑 *Hibiscus schizopetalus* (Masters) Hook. f.　锦葵科 Malvaceae

花枝

黄槿 *Hibiscus tiliaceus* L.　锦葵科 Malvaceae

植株

叶片

花枝

花

果

钟花樱桃（福建山樱花、寒绯樱）*Cerasus campanulata* (Maxim.) Yu et Li

蔷薇科 Rosaceae

高盆樱桃 *Cerasus cerasoides* (D. Don) Sok.

蔷薇科 Rosaceae

桃 ***Amygdalus persica* L.**　蔷薇科 Rosaceae

植株

叶片

枝叶

花

果

树形和习性：乔木，高3~8 m；树冠宽广而平展。

树皮：暗红褐色，老时粗糙呈鳞片状。

枝条：小枝细长，无毛，有光泽，绿色，向阳处转变成红色，具大量小皮孔；冬芽圆锥形，顶端钝，外被短柔毛，常2~3个簇生，中间为叶芽，两侧为花芽。

叶：长圆披针形、椭圆披针形或倒卵状披针形，长7~15 cm，宽2~3.5 cm，先端渐尖，基部宽楔形，叶边具细锯齿或粗锯齿，齿端具腺体或无腺体；叶柄常具一至数枚腺体，有时无腺体。

花：单生，先于叶开放，直径2.5~3.5 cm；花梗极短或几无梗，花瓣长圆状椭圆形至宽倒卵形，粉红色，罕为白色；雄蕊20~30。

果：形状和大小均有变异，卵形、宽椭圆形或扁圆形，直径(3)5~7(12)cm，外面密被短柔毛，稀有无毛，腹缝明显；核大，椭圆形或近圆形，两侧扁平，顶端渐尖，表面具纵、横沟纹和孔穴。

种子：种仁味苦，稀有味甜。

花果期：花期3~4月；果实成熟期因品种而异，通常为8~9月。

分布：原产于中国，各地区广泛栽培。世界各地均有栽植。

鉴别要点

落叶乔木，树皮暗红褐色，老时粗糙呈鳞片状，小枝细长，具大量小皮孔，叶片长圆披针形、椭圆披针形或倒卵状披针形，叶片侧脉不直达叶缘，在叶边结合成网。核表面具纵横向不规则沟纹和孔穴。

相近树种鉴别要点检索

1. 侧芽3，两侧为花芽，具顶芽；叶片为对折式；果核常有孔穴，极稀光滑 ······ 桃 *Amygdalus persica* L.
1. 侧芽单生，顶芽缺。幼叶在芽中为席卷状或对折状。果核常光滑或有不明显孔穴。
    2. 幼叶在芽中席卷状，叶柄基部常具1~6个腺体。子房和果实常被短柔毛；花常无柄或有短柄，花先叶开 ······ 梅 *Armeniaca mume* Sieb.
    2. 幼叶在芽中为席卷状或对折状，在叶片基部边缘或叶柄顶端常有两小腺体。子房和果实均光滑无毛，常被蜡粉；花常有柄，花叶同开 ······ 李 *Prunus salicina* Lindl.

梅 ***Armeniaca mume*** **Sieb.** 蔷薇科 Rosaceae

植株

植株

叶片

花

树干

李 ***Prunus salicina*** **Lindl.** 蔷薇科 Rosaceae

植株

花

果枝

火棘 *Pyracantha fortuneana* (Maxim.) Li　蔷薇科 Rosaceae

植株

枝条

枝条

花序

花序

果实

树形和习性: 常绿灌木，高达3 m。

枝条: 侧枝短，先端成刺状，嫩枝外被锈色短柔毛，老枝暗褐色，无毛。

叶: 单叶互生，叶片倒卵形或倒卵状长圆形，长1.5~6 cm，宽0.5~2 cm，先端圆钝或微凹，有时具短尖头，基部楔形，下延连于叶柄，边缘有钝锯齿，齿尖向内弯，近基部全缘，两面皆无毛；叶柄短，无毛或嫩时有柔毛。

花与花序: 花集成复伞房花序，直径3~4 cm。花白色，子房下位。

果: 近球形，直径约5 mm，橘红色或深红色。

花果期: 花期3~5月；果期8~11月。

分布: 产于中国陕西、河南、江苏、浙江、福建、湖北、湖南、广西、贵州、云南、四川、西藏等地。

鉴别要点

常绿灌木。侧枝短，先端成刺状。单叶小而互生，叶片倒卵形或倒卵状长圆形，先端圆钝或微凹，基部楔形，下延连于叶柄。花集成复伞房花序，直径3~4 cm，花白色，子房下位。果实近球形，直径约5 mm，橘红色或深红色。

沙梨 *Pyrus pyrifolia* (Burm. f.) Nakai　蔷薇科 Rosaceae

植株

叶

花

果

树形和习性: 落叶乔木，高达7~15 m。
枝条: 小枝嫩时具黄褐色长柔毛或绒毛，不久脱落，二年生枝紫褐色或暗褐色，具稀疏皮孔；冬芽长卵形，先端圆钝。
叶: 卵状椭圆形或卵形，长7~12 cm，宽4~6.5 cm，先端长尖，基部圆形或近心形，边缘有刺芒锯齿，微向内合拢，正背两面无毛或嫩时有褐色绵毛。
花与花序: 伞形总状花序，具花6~9 朵，直径5~7 cm；总花梗和花梗幼时微具柔毛，花梗长3.5~5 cm；花直径2.5~3.5 cm；萼片三角卵形，长约5 mm，先端渐尖，边缘有腺齿；外面无毛，内面密被褐色绒毛；花瓣卵形，长15~17 mm，先端啮齿状，基部具短爪，白色；雄蕊20；花柱5，稀有4，约与雄蕊等长。
果: 近球形，浅褐色，有浅色斑点，萼片脱落。
种子: 卵形，微扁，长8~10 mm，深褐色。
花果期: 花期4 月；果期8 月。
分布: 产于中国安徽、江苏、浙江、江西、湖北、湖南、贵州、四川、云南、广东、广西、福建等地。

鉴别要点

落叶乔木，2 年生枝紫褐色或暗褐色，冬芽长卵形，先端圆钝。叶片卵状椭圆形或卵形，边缘有刺芒锯齿，微向内合拢。果实近球形。

相近树种鉴别要点检索

1. 叶边有带刺芒尖锐锯齿，刺芒或长或短。果实褐色；叶片基部圆形或近心形 ………………………………… 沙梨 *P. pyrifolia* (Burm. f.) Nakai
1. 叶边有不带刺芒的细锐锯齿或圆钝锯齿。
  2. 叶边有细锐锯齿。
    3. 幼枝、花序和叶柄、叶片背面均被白色绒毛。叶片菱状卵形至长圆卵形，长 4~8 cm，宽 2.5~3.5 cm。果实近球形；花萼脱落 ………………………… 杜梨 *P. betulaefolia* Bge.
    3. 幼枝、花序和叶柄、叶片幼嫩时有毛，成熟后脱落。叶片卵形至长卵形，长 5~11 cm，宽 3.5~7.5 cm。果实近球形或倒卵形，花萼宿存 ………………………… 麻梨 *P. serrulata* Rehd.
  2. 叶边有圆钝锯齿。
    3. 叶片卵形、近圆形至椭圆形，较狭窄，长 2~5 cm，宽 1.5~2.5 cm，先端急尖或短渐尖，基部宽楔形至近圆形。果实倒卵形或近球形，黄绿色；直径 1.5~2 cm。花萼宿存 ………………………… 西洋梨 *P. communis* L.
    3. 叶片宽卵形至卵形，稀有长椭卵形，较宽大，长 4~8 cm，宽 3.5~6 cm，先端渐尖，稀有短尖，基部圆形至宽楔形。果实球形，褐色，直径约 1 cm，花萼脱落 ………………………… 豆梨 *P. calleryana* Decne.

杜梨 ***Pyrus betulaefolia* Bge.** 蔷薇科 Rosaceae

植株

枝条

叶片

麻梨 ***Pyrus serrulata* Rehd.** 蔷薇科 Rosaceae

植株

花枝

果枝

西洋梨 *Pyrus communis* L.　蔷薇科 Rosaceae

枝条

果

花

豆梨 *Pyrus calleryana* Decne.　蔷薇科 Rosaceae

植株

花

果

枇杷 *Eriobotrya japonica* (Thunb.) Lindl. 蔷薇科 Rosaceae

植株

果枝

花

枝条

枝条

树形和习性: 常绿小乔木，高可达10 m。
树皮: 褐色。
枝条: 小枝粗壮，黄褐色，密生锈色或灰棕色绒毛。
叶: 单叶互生，叶片革质，披针形、倒披针形、倒卵形或椭圆长圆形，长12~30 cm，宽3~9 cm，先端急尖或渐尖，基部楔形或渐狭成叶柄，上部边缘有疏锯齿，基部全缘，正面光亮，多皱，背面密生灰棕色绒毛。
花与花序: 圆锥花序顶生，长10~19 cm，具多花；总花梗和花梗密生锈色绒毛。花直径12~20 mm；萼筒浅杯状，花瓣白色，长圆形或卵形，长5~9 mm，宽4~6 mm，基部具爪，有锈色绒毛；子房下位，顶端有锈色柔毛。
果: 球形或长圆形，直径2~5 cm，黄色或橘黄色，外有锈色柔毛，不久脱落。
种子: 1~5粒，球形或扁球形，直径1~1.5 cm，褐色，光亮。
花果期: 花期10~12月；果期翌年5~6月。
分布: 产于中国甘肃、陕西、河南、江苏、安徽、浙江、江西、湖北、湖南、四川、云南、贵州、广西、广东、福建、台湾，各地广泛栽培。

果枝

鉴别要点

常绿小乔木。小枝粗壮，黄褐色，密生锈色或灰棕色绒毛。单叶互生，叶片革质，披针形，背面密生灰棕色绒毛。圆锥花序顶生，长 10~19 cm。果球形或长圆形，直径 2~5 cm，黄色或橘黄色，外有锈色柔毛。

石楠 *Photinia serrulata* Lindl. 蔷薇科 Rosaceae

植株

花序

果序

叶

树形和习性：常绿灌木或小乔木。
枝条：枝褐灰色，无毛；冬芽卵形，鳞片褐色，无毛。
树皮：灰色，光滑。
叶：叶片革质，长椭圆形、长倒卵形，长9~22 cm，宽3~6.5 cm，先端尾尖，基部圆形或宽楔形，边缘有疏生具腺细锯齿，近基部全缘，正面光亮，幼时中脉有绒毛，成熟后两面皆无毛，中脉显著，侧脉25~30对。
花与花序：复伞房花序顶生，直径10~16 cm，花密生，直径6~8 mm；花瓣白色，近圆形；雄蕊20，外轮较花瓣长，内轮较花瓣短。
果：球形，直径5~6 mm，红色，后成褐紫色。
种子：卵形，长2 mm，棕色，平滑。
花果期：花期4~5月；果期10月。
分布：产于中国陕西、甘肃、河南、江苏、安徽、浙江、江西、湖南、湖北、福建、台湾、广东、广西、四川、云南、贵州等地。

相近树种鉴别要点检索

1. 树干或小枝上无刺。幼枝和花序皆无毛，叶柄长 2~4 cm。
   2. 幼叶黄绿色或浅红色，叶片长椭圆形、长倒卵形或倒卵状椭圆形，长 9~22 cm，宽 3~6.5 cm，先端尾尖，基部圆形或阔楔形 ········ 石楠 *P. serrulata* Lindl.
   2. 幼叶鲜红色，叶片倒卵形，长 6~9 cm，宽 3~4 cm，先端短尖，基部楔形 ········ 红叶石楠 *P.* × *fraseri*
1. 树干或小枝上具有尖刺。幼枝褐红色，有稀疏平贴柔毛，叶柄长 0.8~1.2 cm。叶片长圆形、倒披针形，或稀为椭圆形，先端急尖或渐尖 ········ 椤木石楠 *P. davidsonia* Rehd. et Wils.

鉴别要点

常绿灌木或小乔木。叶片革质，长椭圆形、长倒卵形，先端尾尖，基部圆形或宽楔形，边缘有疏生具腺细锯齿。复伞房花序顶生。

椤木石楠 *Photinia davidsoniae* Rehd. et Wils.　蔷薇科 Rosaceae

枝条

树皮

花序

树干

红叶石楠 *Photinia* × *fraseri*　蔷薇科 Rosaceae

植株

叶

花枝

红花羊蹄甲 ***Bauhinia blakeana*** **Dunn**　苏木科 Caesalpiniaceae

植株

树形和习性: 常绿乔木。

枝条: 分枝多, 小枝细长, 被毛。

叶: 革质, 近圆形或阔心形, 长8.5~13 cm, 宽9~14 cm, 基部心形, 有时近截平, 先端2 裂约为叶全长的1/4~1/3, 裂片顶钝或狭圆; 基出脉11~13 条。

花: 总状花序顶生或腋生, 有时复合成圆锥花序, 被短柔毛; 苞片和小苞片三角形, 长约3 mm; 花大, 美丽; 萼佛焰状, 长约2.5 cm, 有淡红色和绿色线条; 花瓣红紫色, 具短柄, 倒披针形, 连柄长5~8 cm, 宽2.5~3 cm, 近轴的1 片中间至基部呈深紫红色; 能育雄蕊5 枚, 其中3 枚较长; 退化雄蕊2~5 枚, 丝状, 极细; 子房具长柄, 被短柔毛。

花果期: 通常不结果, 花期全年, 3~4月为盛花期。

分布: 中国华南地区多有栽培、西南地区许多城市有少量种植。

树皮

枝叶

花

花枝

鉴别要点

常绿乔木, 叶革质, 先端 2 裂约为叶全长的 1/4~1/3, 基出脉 11~13 条；总状花序顶生或腋生, 有淡红色和绿色线条；花瓣红紫色, 近轴的 1 片中间至基部呈深紫红色；能育雄蕊 5 枚, 其中 3 枚较长；退化雄蕊 2~5 枚, 通常不结果。

相近树种鉴别要点检索

1. 叶先端分裂达叶长的 1/3~1/2, 能育雄蕊 3 枚; 花瓣粉色, 较狭, 具长柄, 能结果 ………………… 羊蹄甲 *B. purpurea* L.
1. 叶先端分裂达叶长的 1/3, 能育雄蕊 5 枚; 花瓣较阔, 具短柄。
    2. 能育雄蕊 3 长 2 短。花瓣紫红色, 长 5~8 cm, 植物通常不结果 ………………………… 红花羊蹄甲 *B. blakeana* Dunn
    2. 能育雄蕊等长。花瓣粉红色, 长 4~5 cm; 植物能正常结果 ……………………………………… 洋紫荆 *B. variegata* L.

羊蹄甲 ***Bauhinia purpurea* L.** 苏木科 Caesalpiniaceae

植株

叶

花

果

鉴别要点

叶硬纸质,先端分裂达叶长的1/3~1/2,基出脉9~11条;总状花序侧生或顶生,少花,萼佛焰状,一侧开裂达基部成外反的2裂片,花瓣桃红色,能育雄蕊3,退化雄蕊5~6,荚果带状,扁平,略呈弯镰状。

洋紫荆 ***Bauhinia variegata* L.** 苏木科 Caesalpiniaceae

植株

植株

鉴别要点

叶革质较厚,宽大于长,先端2裂达叶长的1/3,基出脉11~15条。伞状花序,花粉红色,花瓣较阔,具短柄。花瓣上有一枚红色或黄色条纹,花萼裂成佛焰苞,有能育雄蕊5枚,荚果扁条形。

叶

花

果

桃叶珊瑚 ***Aucuba chinensis* Benth.**　山茱萸科 Cornaceae

果

树形和习性：常绿乔木或灌木。

树皮：平滑。

枝条：小枝粗壮，二歧分枝，绿色，光滑；皮孔白色，长椭圆形或椭圆形，冬芽球状。

叶：对生，革质，椭圆形或阔椭圆形，稀倒卵状椭圆形，长10~20 cm，宽3.5~8 cm，先端锐尖或钝尖，基部阔楔形或楔形，两侧不对称，边缘微反卷，常具5~8对锯齿或腺状齿，有时为粗锯齿。

花与花序：圆锥花序顶生，花序梗被柔毛，雄花序长5 cm以上；雄花绿色；雌花序较雄花序短。

果：幼果绿色，成熟时为鲜红色，圆柱状或卵状。

花果期：花期1~2月；果熟期达翌年2月，常与一、二年生果序同存于枝上。

分布：产于中国福建、台湾、广东、海南、广西等地区。

鉴别要点

常绿乔木或灌木。小枝粗壮，二歧分枝，绿色，皮孔白色。叶对生，革质，椭圆形或阔椭圆形。

花枝

相近树种鉴别要点检索

1. 叶片为革质或亚革质，不具斑点或具斑点；花紫红色 ······ 日本桃叶珊瑚 *A. japonica* Thunb.
1. 叶片为厚革质或革质；花为黄绿色或黄色 ······ 桃叶珊瑚 *A. chinensis* Benth

日本桃叶珊瑚（东瀛珊瑚）***Aucuba japonica* Thunb.**　山茱萸科 Cornaceae

植株

花序

植株

冬青卫矛 *Euonymus japonicus* Thunb.　卫矛科 Celastraceae

植株

枝叶

花

果

叶

树形和习性： 常绿灌木，高可达3 m。
树皮： 光滑。
枝条： 小枝四棱。
叶： 革质，有光泽，倒卵形或椭圆形，长3~5 cm，宽2~3 cm，先端圆阔或急尖，基部楔形，边缘具有浅细钝齿；叶柄长约1 cm。
花与花序： 聚伞花序5~12 花，花序梗长2~5 cm，2~3 次分枝，花白绿色，直径5~7 mm；花瓣近卵圆形，长宽各约2 mm，雄蕊花药长圆状，内向；花丝长2~4 mm；子房每室2 胚珠，着生中轴顶部。
果： 蒴果近球状，直径约8 mm，淡红色。
种子： 种子每室1 粒，顶生，椭圆状，长约6 mm，直径约4 mm，假种皮橘红色，全包种子。
花果期： 花期6~7 月；果熟期9~10 月。
分布： 本种最先于日本发现，引入栽培。中国南北各地区均有栽培，供观赏或做绿篱。

鉴别要点

常绿灌木，小枝四棱。叶革质，有光泽，倒卵形或椭圆形，基部楔形，边缘具有浅细钝齿，不簇生于枝端。蒴果球形，淡红色。

相近树种鉴别要点检索

1. 常绿藤状灌木或藤本，茎上常具气生根。花丝细长，长 2~3 mm ············ 扶芳藤 *E. fortunei* (Turcz.) Hand.–Mazz.
1. 灌木，无气生根。
  2. 落叶灌木，枝条有 4 条宽扁木栓翅；花丝较短，长约 1 mm ·· 卫矛 *E. alatus* (Thunb.) Sieb.
  2. 常绿灌木，枝条四棱，无翅。花丝长 2~4 mm ·· 冬青卫矛 *E. japonicus* Thunb.

扶芳藤 ***Euonymus fortunei*** **(Turcz.) Hand.-Mazz.**　卫矛科 Celastraceae

植株

枝条

果枝

果枝

卫矛 ***Euonymus alatus*** **(Thunb.) Sieb.**　卫矛科 Celastraceae

植株

花枝

木栓翅

枸骨 *Ilex cornuta* Lindl. et Paxt.　冬青科 Aquifoliaceae

植株

树形和习性：常绿灌木或小乔木，高(0.6)1~3 m。
枝条：幼枝具纵脊及沟，沟内被微柔毛或变无毛，2 年生枝褐色，3 年生枝灰白色，具纵裂缝及隆起的叶痕，无皮孔。
叶：厚革质，四角状长圆形或卵形，长4~9 cm，宽2~4 cm，先端具3 枚尖硬刺齿，中央刺齿常反曲，基部圆形或近截形，两侧各具1~2 刺齿。
花与花序：花序簇生于二年生枝的叶腋内，花淡黄色，4 基数。
果：球形，直径8~10 mm，成熟时鲜红色，基部具四角形宿存花萼，顶端宿存柱头盘状，明显4 裂。
花果期：花期4~5 月；果期10~12 月。
分布：应用于中国长江流域、华南等地，庭园有栽培。

枝叶

花枝

鉴别要点

常绿灌木或小乔木。叶片厚革质，四角状长圆形或卵形，先端具 3 枚尖硬刺齿，基部圆形或近截形，两侧各具 1~2 刺齿。果球形，成熟时鲜红色，基部具四角形宿存花萼。

果枝

相近树种鉴别要点检索

1. 叶片四角状长圆形或卵形，先端具 3 枚尖硬刺齿，中央刺齿常反曲，基部圆形或近截形，两侧各具 1~2 刺齿 ………………………… 枸骨 *I. cornuta* Lindl. et Paxt.
1. 叶片矩圆形，边缘全缘或具有锯齿，顶端突尖 ………………………… 英国冬青 *I. aquicolium* L.

英国冬青 *Ilex aquicolium* L. ‘J. C. Vantol’　冬青科 Aquifoliaceae

植株

植株

枝条

花枝

果枝

大叶冬青（苦丁茶）***Ilex latifolia*** **Thunb**　冬青科 Aquifoliaceae

树形和习性：常绿乔木，高达20 m，胸径60 cm，全体无毛。
树皮：灰黑色。
枝条：分枝粗壮，具纵棱及槽，黄褐色或褐色。
叶：生于1~3 年生枝上，叶片厚革质，长圆形或卵状长圆形。
花：聚伞花序组成的假圆锥花序生于二年生枝的叶腋内，无总梗。
果：球形，直径约7 毫米，成熟时红色。
花果期：花期4 月；果期9~10 月。
分布：产于中国江苏（宜兴）、安徽、浙江、江西、福建、河南（大别山）、湖北（来凤、兴山、随州、应山、黄梅、英山、罗城、麻城）、广西及云南东南部（西畴、麻栗坡）等地区。

枝叶

枝杆

枝叶

植株

植株

变叶木 ***Codiaeum variegatum* (L.) A. Juss.** 大戟科 Euphorbiaceae

植株

树形和习性： 灌木或小乔木，高可达2 m。
树皮： 光滑。
枝条： 枝条无毛，有明显叶痕。枝叶具白色乳汁。
叶： 单叶互生，形状大小变异很大，线形、线状披针形、长圆形、椭圆形、披针形、卵形、匙形、提琴形至倒卵形，有时由长的中脉把叶片间断成上下两片。长5~30 cm，宽(0.3) 0.5~8 cm，顶端短尖、渐尖至圆钝，基部楔形、短尖至钝，边全缘、浅裂至深裂，两面无毛，绿色、淡绿色、紫红色、紫红与黄色相间、黄色与绿色相间或有时在绿色叶片上散生黄色或金黄色斑点或斑纹。
花与花序： 总状花序腋生，雌雄同株异序，长8~30 cm，雄花白色，雌花淡黄色。
果： 蒴果近球形，稍扁，无毛，直径约9 mm。
种子： 长约6 mm。
花果期： 花期9~10月；果期10~11月。
分布： 原产于亚洲马来半岛至大洋洲；现广泛栽培于热带地区。中国南部各地区常见栽培。

花序

叶片

叶片

叶片

叶片

叶片

叶片

鉴别要点

常绿灌木。枝条无毛，有明显叶痕。枝叶具白色乳汁。单叶互生，叶形变化多端，叶色多样。总状花序腋生，雌雄同株异序。

一品红 ***Euphorbia pulcherrima* Willd. et Kl.**　大戟科 Euphorbiaceae

植株

树形和习性: 灌木，高可达3 m。
树皮: 光滑。
枝条: 枝条无毛，枝叶具白色乳汁。
叶: 单叶互生，卵状椭圆形、长椭圆形或披针形，长6~25 cm，宽4~10 cm，先端渐尖或急尖，基部楔形或渐狭，绿色，边缘全缘或浅裂或波状浅裂。
花与花序: 苞叶5~7 枚，狭椭圆形，长3~7 cm，宽1~2 cm，通常全缘，极少边缘浅波状分裂，朱红色。大戟花序，数个聚伞排列于枝顶；花序柄长3~4 mm；总苞坛状，淡绿色，高7~9 mm，直径6~8 mm，边缘齿状5 裂，裂片三角形，无毛；腺体常1 枚，极少2 枚，黄色，常压扁，呈两唇状，长4~5 mm，宽约3 mm。
果: 蒴果，三棱状圆形，长1.5~2.0 cm，直径约1.5 cm，平滑无毛。
种子: 卵状，长约1 cm，直径8~9 mm，灰色或淡灰色，近平滑。
花果期: 花果期10 月至翌年4 月。
分布: 产于中美洲，广泛栽培于热带和亚热带。中国绝大部分地区有栽培。

苞片及花序

苞片及花序

苞片及花序

苞片及花序

鉴别要点

灌木。枝条无毛，有明显叶痕。枝叶具白色乳汁。单叶互生，卵状椭圆形、长椭圆形或披针形。苞叶 5~7 枚，狭椭圆形，通常全缘，朱红色。大戟花序。

麻风树 ***Jatropha curcas* L.**　大戟科 Euphorbiaceae

植株

树形和习性：常绿灌木或小乔木，高2~5 m。
树皮：平滑。
枝条：苍灰色，无毛，疏生突起皮孔。
叶：单叶互生，圆形至卵圆形，长7~18 cm，宽6~16 cm，顶端短尖，基部心形，全缘或3~5浅裂，掌状脉5~7。
花与花序：单性花，聚伞花序腋生。
果：蒴果椭圆状或球形，长2.5~3 cm，黄色。
种子：椭圆状，长1.5~2 cm，黑色。
花果期：花果期9~10月。
分布：原产于美洲热带；现广布于全球热带地区。中国福建、台湾、广东、海南、广西、贵州、四川、云南等地区有栽培。

叶片

枝条

鉴别要点

常绿灌木或小乔木；单叶互生，圆形至卵圆形，基部心形，全缘或3~5浅裂，掌状脉5~7。

果枝

相近树种鉴别要点检索

1. 叶盾状着生，全缘或2~5浅裂 ………… 佛肚树 *J. podagrica* Hook.
1. 叶非盾状着生，全缘、3~5裂或掌状分裂。
  2. 叶掌状，不分裂而具5掌状脉或3~11深裂，叶较大。
    3. 叶掌状，不分裂而具掌状脉或3~5浅裂 ………… 麻风树 *J. curcas* L.
    3. 叶掌状3~11深裂。
      4. 叶掌状9~11深裂裂片线状披针形，托叶细裂成分叉的刚毛状 ………… 珊瑚花 *J. multifida* L.
      4. 叶掌状3~5深裂，幼叶暗红色 ………… 棉叶珊瑚花 *J. gossypiifolia* L.
  2. 叶卵状披针形或倒卵状披针形，叶较小。
      5. 叶卵状披针形，变化大，全缘或基部具有2个大小不等的裂片，或3中裂 ………… 变叶珊瑚花 *J. integerrima* Jacq.
      5. 倒卵状披针形，全缘或下侧叶边具3~5锯齿 ………… 琴叶珊瑚 *J. pandurifolia* Andre

佛肚树 *Jatropha podagrica* Hook.　大戟科 Euphorbiaceae

植株

叶

花枝

果

树干

珊瑚花 *Jatropha multifida* L.　大戟科 Euphorbiaceae

植株

叶和花

花和果

棉叶珊瑚花 *Jatropha gossypiifolia* L. 大戟科 Euphorbiaceae

花序

叶片

变叶珊瑚花 *Jatropha integerrima* Jacq. 大戟科 Euphorbiaceae

植株

叶片

花

琴叶珊瑚 *Jatropha pandurifolia* Andre 大戟科 Euphorbiaceae

植株

花枝

叶

果

油桐 *Vernicia fordii* (Hemsl.) Airy Shaw　大戟科 Euphorbiaceae

花枝

树皮

花

果

树形和习性：落叶乔木，高达10 m。
树皮：灰色，近光滑。
枝条：无毛，具明显皮孔。
叶：卵圆形，长8~18 cm，宽6~15 cm，顶端短尖，基部截平至浅心形，全缘，稀有1~3 浅裂，嫩叶正面被很快脱落微柔毛，背面被渐脱落棕褐色微柔毛，成长叶正面深绿色，无毛，背面灰绿色，被贴伏微柔毛；掌状脉5~7 条；叶柄与叶片近等长，几乎无毛，顶端有2 枚扁平、无柄腺体。
花与花序：花单性，雌雄同株，先叶或与叶同时开放；花白色。
球果：核果近球状，直径4~6 (8)cm，果皮光滑。
种子：3~4(8) 粒，种皮木质。
花果期：花期3~4 月；果期8~9 月。
分布：产于中国陕西、河南，以及长江流域、珠江流域等地。

鉴别要点

落叶乔木；枝条无毛，具明显皮孔。叶卵圆形，顶端短尖；掌状脉 5 ~7 条；叶柄与叶片近等长，顶端有 2 枚扁平、无柄腺体。核果近球状，光滑。

相近树种鉴别要点检索

1. 叶全缘，稀 1~3 浅裂；叶柄顶端的腺体扁球形；果无棱，平滑 ································ 油桐 *V. fordii* (Hemsl.) Airy Shaw.
1. 叶全缘或 2~5 浅裂；叶柄顶端的腺体杯状，具柄；果具三棱，果皮有皱纹 ··························· 木油桐 *V. montana* Lour

木油桐 (千年桐) *Vernicia montana* Lour　大戟科 Euphorbiaceae

植株

叶

花枝

山苦茶（鹧鸪茶）*Mallotus peltatus* (Geiseler) Müll. Arg. 大戟科 Euphorbiaceae

树形和习性： 灌木或小乔木，株高2~10m。

树皮和枝条： 小枝被星状短柔毛或变无毛，具颗粒状腺体。

叶： 叶片互生枝的上部对生，叶片呈圆状卵形。

花： 雌雄异株；雄花序总状，顶生，雌花序总状，顶生。

果： 蒴果扁球形。

种子： 种子球形，直径约5 mm，具斑纹。

花果期： 2~4月份为盛花期；7~9月为果实成熟期。

分布： 主要分布于印度、印尼、马来西亚、越南、菲律宾和泰国。中国有少量分布，主要在海南万宁、陵水、三亚、白沙、琼中、保亭、昌江、东方、乐东等地有分布

植株

花

树枝

叶片

枝叶

滇刺枣（青枣）*Zizyphus mauritiana* Lam. 鼠李科 Rhamnaceae

树形和习性： 小乔木
树皮和枝条 幼枝被黄灰色密绒毛，小枝被短柔毛，老枝紫红色。
叶： 树叶片多而繁密。
花： 绿黄色。
果： 卵圆形、果色翡翠绿，皮薄，甜脆多汁。
种子： 宽而扁。
花果期： 花期7~8月；果期10月至翌年3月。
分布： 原产中国缅甸、印度，在中国台湾、福建、云南、海南、广东、广西、四川、重庆等地均有种植。

花

植株

枝叶

果

单叶↓叶互生
叶有锯齿、裂片

异叶地锦（异叶爬山虎）*Parthenocissus dalzielii* Gagnep.［*P. heterophylla*］

葡萄科 Vitaceae

植株

树形和习性： 木质藤本。

枝条： 小枝圆柱形，无毛。卷须总状5~8分枝，与叶对生，卷须顶端嫩时膨大呈圆珠形，后遇附着物扩大呈吸盘状。

叶： 两型叶，着生在短枝上常为3小叶，较小的单叶常着生在长枝上。

花与花序： 花序假顶生于短枝顶端，基部有分枝，主轴不明显，形成多歧聚伞花序。

果： 近球形，直径0.8~1 cm，成熟时紫黑色，有种子1~4粒。

种子： 倒卵形，顶端近圆形。

花果期： 花期5~7月；果期7~11月。

分布： 产于中国河南、湖北、湖南、江西、浙江、福建、台湾、广东、广西、四川、贵州等地。

植株

叶

幼枝及吸盘

鉴别要点

木质藤本。卷须总状5~8分枝，与叶对生。两型叶，着生在短枝上常为3小叶，较小的单叶常着生在长枝上。

相近树种鉴别要点检索

1. 植株有显著的两型叶，主枝或短枝上集生有三小叶组成的复叶，侧出较小的长枝上常散生有较小的单叶。单叶者叶片卵圆形，长3~7 cm，宽2~5 cm，顶端急尖或渐尖，不分裂 ………………………… 异叶地锦 *P. dalzielii* Gagnep.

1. 叶为单叶，仅在植株基部2~4个短枝上着生有三出复叶。单叶叶片通常倒卵圆形，长4.5~17 cm，宽4~16 cm，上部常3裂 ………………………… 地锦 *P. tricuspidata* (Sieb. et Zucc.) Planch.

地锦（爬山虎）*Parthenocissus tricuspidata* (Sieb. et Zucc.) Planch.　葡萄科 Vitaceae

植株

叶

葡萄 *Vitis vinifera* L.　葡萄科 Vitaceae

果

树形和习性： 落叶木质藤本。

枝条： 小枝圆柱形，有纵棱纹，无毛或被稀疏柔毛。卷须2叉分枝，每隔2节间断与叶对生。

叶： 卵圆形，显著3~5浅裂或中裂，长7~18 cm，宽6~16 cm，中裂片顶端急尖，裂片常靠合，基部常缢缩，裂缺狭窄，间或宽阔。

花： 圆锥花序密集或疏散，多花，与叶对生。

果： 球形或椭圆形，浆果，直径1.5~2 cm。

花果期： 花期4~5月；果期7~9月。

分布： 原产于亚洲西部，现世界各地栽培。中国各地栽培。

树干

枝叶

花

果

鉴别要点

落叶藤本，叶卵圆形，显著3~5浅裂或中裂，中裂片顶端急尖，裂片常靠合，基部常缢缩，裂缺狭窄；圆锥花序多花，与叶对生。

番木瓜 *Carica papaya* L. 番木瓜科 Caricaceae

树形和习性：常绿软木质，小乔木。

枝条（茎）：茎不分枝或有时于损伤处分枝，具螺旋状排列的托叶痕。

叶：大，聚生于茎顶端，近盾形，直径可达60 cm，通常5~9深裂，每裂片再为羽状分裂。

花：单性或两性，雄花：排列成圆锥花序，雌花：单生或由数朵排列成伞房花序。

果：浆果肉质，成熟时橙黄色或黄色，长圆球形，倒卵状长圆球形，梨形或近圆球形。

种子：多数，卵球形，成熟时黑色，外种皮肉质，内种皮木质，具皱纹。

花果期：花果期全年。

分布：原产于墨西哥南部及美洲中部地区。中国广东、海南、广西、云南、福建、台湾等地均有分布。

植株

果

花

无花果 *Ficus carica* L. 桑科 Moraceae

植株

树形和习性：一种落叶灌木或小乔木，植株多分枝。
树皮：灰褐色，皮孔明显。
枝条：小枝直立，粗壮。
叶：互生，厚纸质，广卵圆形。
花：雌雄异株。
果：榕果单生叶腋，大而梨形。
花果期：花果期5~7月。
分布：原产于地中海沿岸，并在世界各地广泛栽培。它的分布范围从土耳其延伸至阿富汗。在中国，无花果自唐代从波斯传入后，南北方均有栽培，其中新疆南部的栽培尤为多见。

果枝

果

果

面包树 *Artocarpus incisa* (Thunb.) L. 桑科 Movaceae

树形和习性：常绿乔木，高10~15 m。
树皮：灰褐色，粗厚。
枝条：枝条粗大。
叶：叶大，互生，厚革质，卵形至卵状椭圆形。
花 花序单生叶腋，雄花序长圆筒形至长椭圆形或棒状，黄色
果：核果椭圆形至圆锥形。
种子：外壳非常坚硬，种子富含脂质，用于提取食用油。
花果期：花期为3~5月；果期为7~10月。
分布：原产于太平洋群岛及印度、菲律宾，中国台湾、海南亦有栽培。

植株

树皮

果

八角 ***Illicium verum* Hook. f.** 八角科 Illiciaceae

树形和习性: 常绿乔木, 高10~15 m, 树冠塔形、椭圆形或圆锥形。
树皮: 深灰色至红褐色, 枝密集。
枝条: 幼枝绿色, 小枝浅黄褐色, 稍具棱, 易折断。
叶: 单叶互生或3~6 片成假轮生状, 长椭圆形, 先端短渐尖, 基部渐狭, 密布透明油点。
花: 两性, 单生叶腋或近顶生; 粉红至深红色, 雄蕊11~20 枚, 花丝长, 心皮通常8。
果: 聚合蓇葖果, 直径3. 5~4 cm, 蓇葖果常8 个, 轮状排列; 种子褐色, 有光泽。
花果期: 花期7~8 月; 果期10~11 月。
分布: 产于中国广西西部和南部, 福建南部, 广东西部, 云南东南部和南部也有栽培。

枝叶

果枝

果

植株

鉴别要点

单叶互生或 3~6 片成假轮生状，密布透明油点。花两性，粉红至深红色，聚合蓇葖果，直径 3.5~4 cm，蓇葖果常 8 个，轮状排列。

玉兰 ***Yulania denudata* (Desr.) D. L. Fu**　木兰科 Magnoliaceae

植株

树形和习性： 落叶乔木，高25 m。树冠宽卵形，冠幅4~5 m。

树皮： 深灰色，粗糙开裂。

枝条： 小枝粗壮，灰褐色，托叶环明显，冬芽密被黄绿色茸毛。

叶： 纸质，倒卵形、宽倒卵形或倒卵状椭圆形，长10~15 cm，宽6~10 cm，先端宽圆、平截或稍凹，具短突尖，中部以下渐狭成楔形，叶上深绿色，侧脉每边8~10 条，网脉明显；叶柄长1~2.5 cm，托叶痕为叶柄长的1/4~1/3。

花与花序： 两性花，花梗密被淡灰黄色长绢毛。花被片9 片，白色，基部常带粉红色，近相似，长圆状倒卵形。

果： 聚合果圆柱形，长12~15 cm；直径3.5~5 cm。

种子： 心形，侧扁，高约9 mm，宽约10 mm，外种皮红色，内种皮黑色。

花果期： 花期2~3 月（亦常于7~9 月再开一次花）；果期8~9 月。

分布： 分布于中国长江以南各地。

花

果

叶茎

叶

鉴别要点

落叶乔木，幼枝及芽均有灰黄色长绢毛。叶倒卵状，幼时叶背有柔毛，托叶痕为叶柄长的1/4~1/3。花大，白色，有香气。花大而洁白，芳香。

相近树种鉴别要点检索

1. 落叶乔木、小乔木；叶片基部不下延，叶柄上托叶痕长度短于叶柄长度的 1/2；先花后叶、被片 9 片，内外轮相近，外轮不分化为萼片。
    2. 乔木，花被片纯白色，有时基部外面带红色，外轮与内轮近等长；花凋谢后出叶 ………… 玉兰 *Y. denudata* (Desr.) D. L. Fu
    2. 小乔木，花被片浅红色至深红色，外轮花被片稍短或为内轮长的 2/3，但不成萼片状；花期延至出叶 ………… 二乔木兰 *Y. soulangeana* (Soul.~Bod.) D. L. Fu
1. 落叶灌木或小乔木；叶片基部下延，叶柄上托叶痕长度超过叶柄长度的 1/2；花叶同开，花被片 9~12，紫红色，外轮 3 片萼片状，紫绿色早落 ………… 紫玉兰 *Y. liliiflora* (Desr.) D. L. Fu

紫玉兰 *Yulania liliiflora* (Desr.) D. L. Fu　木兰科 Magnoliaceae

植株

花

花枝

叶

叶茎

二乔木兰 *Yulania soulangeana* (Soul.-Bod.) D. L. Fu　木兰科 Magnoliaceae

植株

花

枝叶

花枝

叶

乐昌含笑 *Michelia chapensis* Dandy　木兰科 Magnoliaceae

植株

树形和习性： 常绿乔木，高15~25 m，树冠宽卵形。

树皮： 灰色至深褐色。

枝条： 小枝无毛或嫩时节上被灰色微柔毛，托叶环明显。

叶： 倒卵形，狭倒卵形或长圆状倒卵形，长6.5~15 cm，宽3.5~6.5 cm，先端骤狭短渐尖，或短渐尖，尖头钝，基部楔形或阔楔形。叶柄无托叶痕。

花与花序： 花生叶腋，花被片淡黄色，6片，芳香，2轮，外轮倒卵状椭圆形，长约3 cm，宽约1.5 cm；内轮较狭。

果： 聚合果果轴伸长，长约10 cm，蓇葖长圆体形或卵圆形。

种子： 红色，卵形或长圆状卵圆形。

花果期： 花期3~4月；果期8~9月。

分布： 中国长江以南各地。

花枝

叶

单叶↓叶互生 叶全缘

鉴别要点

常绿乔木，枝条托叶环明显。叶倒卵状，叶柄无托叶痕。花生叶腋，花被片淡黄色，6片，芳香。聚合果果轴伸长。

相近树种鉴别要点检索

1. 托叶与叶柄连生，在叶柄上留有托叶痕；花被近同形。
  2. 常绿乔木，叶较大，叶柄较长，约5 mm以上；花被片外轮较大，3~4轮，9~13片。
    3. 托叶痕长于叶柄的一半；花黄色 ······ 黄兰 *M. champaca* L.
    3. 托叶痕短于叶柄的一半；花白色 ······ 白兰 *M. alba* DC.
  2. 常绿灌木或小乔木，叶小叶柄较短，长在5 mm以下；花被片外轮较小，常2轮，很少3~4轮，6片。
    4. 叶狭椭圆形或倒卵状椭圆形，先端钝短尖；花被片质厚，淡黄色，边缘常染有紫色 ······ 含笑 *M. figo* (Lour.) Spreng.
    4. 叶狭长圆形、倒卵形或狭倒卵形，先端长尾状渐尖或急尖；花深紫色 ······ 紫花含笑 *M. crassipes* Law
1. 托叶与叶柄离生，在叶柄上无托叶痕。花被片同形或不同形。
    5. 叶薄革质，倒卵形，狭倒卵形或长圆状倒卵形，先端骤狭短渐尖；花被片大小近相等，6片，排成2轮 ······ 乐昌含笑 *M. chapensis* Dandy
    5. 叶厚革质，长圆状椭圆形、椭圆状卵形或阔披针形。花被片大小不相等，9片或9~12片，排成3~4轮。
      6. 嫩枝被白粉；叶长圆状椭圆形，背面灰绿色，被白粉。花被9片 ······ 深山含笑 *M. maudiae* Dunn
      6. 嫩枝密被红褐色短绒毛；叶背面被红铜色短绒毛。花被9~12片 ······ 金叶含笑 *M. foveolata* Merr. ex Dandy

黄兰 ***Mulania champaca* L.** 木兰科 Magnoliaceae

植株

花

果

叶柄之托叶痕

白兰 ***Mulania alba* DC.** 木兰科 Magnoliaceae

植株

花

叶柄之托叶痕

花枝

含笑 ***Mulania figo* (Lour.) Spreng.** 木兰科 Magnoliaceae

植株

花枝

枝叶

紫花含笑 ***Mulania crassipes* Law** 木兰科 Magnoliaceae

植株

枝叶

花

枝条

深山含笑 *Mulania maudiae* Dunn　木兰科 Magnoliaceae

植株

花

树皮

果

金叶含笑 *Mulania foveolata* Merr. ex Dandy　木兰科 Magnoliaceae

植株

果枝

叶

花

荷花玉兰 *Mulania grandiflora* L.　木兰科 Magnoliaceae

植株

树形和习性：常绿乔木，在原产地高达30 m。
树皮：淡褐色或灰色，薄鳞片状开裂。
枝条：小枝粗壮，具托叶环及横隔的髓心；小枝、芽、叶背面，叶柄、均密被褐色或灰褐色短绒毛（幼树的叶背面无毛）。
叶：厚，革质，椭圆形，长圆状椭圆形或倒卵状椭圆形，长10~20 cm，宽4~7（10）cm，先端钝或短钝尖，基部楔形，叶面深绿色，有光泽；侧脉每边8~10 条；叶柄长1.5~4 cm，无托叶痕，具深沟。
花：单生枝顶。花白色，有芳香，直径15~20 cm；花被片9~12，厚肉质，倒卵形，长6~10 cm，宽5~7 cm；雄蕊长约2 cm，花丝扁平，紫色，花药内向，药隔伸出成短尖；雌蕊群椭圆体形，密被长绒毛；心皮卵形，长1~1.5 cm，花柱呈卷曲状。
果：聚合果圆柱状长圆形或卵圆形，长7~10 cm，径4~5 cm，密被褐色或淡灰黄色绒毛；蓇葖背裂，背面圆，顶端外侧具长喙。
种子：近卵圆形或卵形，长约14 mm，径约6 mm，外种皮红色，除去外种皮的种子，顶端延长成短颈。
花果期：花期5~6 月；果期9~10 月。
分布：原产于北美洲东南部。中国长江流域以南各城市有栽培。

花

果

单叶↓叶互生
叶全缘

叶

枝条示托叶环

鉴别要点

常绿乔木，小枝具托叶环。叶大，厚革质，椭圆形，长圆状椭圆形或倒卵状椭圆形。花单生枝顶，直径15~20 cm，花白色，有芳香，雄蕊多数，心皮分离，多数，螺旋状排列。聚合果圆柱状长圆形，密被褐色或淡灰黄色绒毛。

樟 *Cinnamomum camphora* (L.) Presl　樟科 Lauraceae

植株

树形和习性: 常绿大乔木，树冠广卵形。

树皮: 树皮黄褐色，有不规则的纵裂。

枝条: 顶芽广卵形或圆球形，鳞片宽卵形或近圆形，外面略被绢状毛。枝条圆柱形，淡褐色，无毛。

叶: 有樟脑气味，互生，卵状椭圆形，长6~12 cm，宽2.5~5.5 cm，先端急尖，基部宽楔形至近圆形，边缘全缘，具离基三出脉，有时过渡到基部具不明显的5脉，基生侧脉向叶缘一侧有少数支脉，侧脉及支脉脉腋正面明显隆起，背面有明显腺窝，窝内常被柔毛。

花与花序: 圆锥花序腋生，长3.5~7 cm。

果: 卵球形或近球形，直径6~8 mm，紫黑色；果托杯状，长约5 mm，顶端截平。

花果期: 花期4~5月；果期8~11月。

分布: 产于中国南方及西南各地区。

花序

果

叶

树皮

鉴别要点

常绿大乔木，树冠广卵形，树皮黄褐色，有不规则的纵裂，枝叶有樟脑气味，叶互生，卵状椭圆形，具离基三出脉，侧脉及支脉脉腋正面明显隆起，背面有明显腺窝。

相近树种鉴别要点检索

1. 芽鳞明显，覆瓦状；叶互生，羽状脉，离基三出脉，侧脉脉腋通常在背面有腺窝。果时花被片完全脱落 ······ 樟 *C. camphora* (L.) Presl
1. 芽裸露或芽鳞不明显；叶对生或近对生，三出脉或离基三出脉，侧脉脉腋背面无腺窝，正面无明显泡状隆起。果时花被片宿存，或上部脱落下部留存在花被筒的边缘上。
   2. 叶两面尤其是背面幼时无毛。
      3. 叶卵状披针形，长5~8 cm，宽3~4 cm，先端短渐尖；果卵球形，长约8 mm，宽约5 mm ······ 阴香 *C. burmanni* (Nees et T.Nees) Blume
      3. 叶革质，卵圆形或长圆状卵形，长8~11 cm，宽5~8 cm，先端锐尖，基部圆形；果椭圆形或卵球形，长在13 mm以上 ······ 兰屿肉桂 *C. kotoense* Kanehira et Sasaki
   2. 叶两面尤其是背面幼时明显被毛，毛被各式，老时全然不脱落或渐变稀薄。叶片长圆形至近披针形，长8~16 cm，宽4~5. 5 cm，先端稍急尖，基部急尖，中脉和侧脉在正面凹陷，叶背面和花序有黄色短绒毛；枝、叶、树皮干时有浓烈的肉桂香气 ······ 肉桂 *C. cassia* Presl

阴香 *Cinnamomum burmanni* (Nees et T. Nees) Blume　樟科 Lauraceae

植株

花序

枝叶

肉桂 *Cinnamomum cassia* Presl　樟科 Lauraceae

植株

叶

枝条

兰屿肉桂 *Cinnamomum kotoense* Kanehira et Sasaki　樟科 Lauraceae

叶及果

植株

牛油果 *Persea americana* Mill. 樟科 Lauraceae

树形和习性: 落叶乔木, 高10~15 m, 胸径达1~1.5 m。
树皮: 灰绿色。
枝条: 分枝多而密, 茎枝粗壮, 多节瘤。
叶: 互生, 革质, 长椭圆形、椭圆形、卵形或倒卵形。
花与花序: 聚伞状圆锥花序。
果: 果大, 通常梨形, 有时卵形或球形, 长8~18 cm, 黄绿色或红棕色。
种子: 每个果1 个种子, 种子大而且圆滑。
花果期: 花期2~3 月; 果期 8~9 月。
分布: 原产于墨西哥和中美洲。中国广东、海南、福建、广西、台湾、云南及四川等地都有少量栽培。

果

花

幼果

枝干

植株

番荔枝(释迦)　*Annona squamosa* L.　番荔枝科 Annonaceae

树形和习性: 落叶小乔木。
树皮: 薄灰白色。
枝条: 多分枝。
叶: 薄如纸, 排成两列, 椭圆状披针形, 或长圆形。
花与花序: 单生或2~4 朵聚生于枝顶或与叶对生, 长约2 cm, 青黄色, 下垂。
果: 为聚生果, 多数圆形或椭圆形的成熟心皮相连而成的聚合浆果, 圆球状或心状圆锥形, 直径5~10 cm。
种子: 种子褐色光滑、细小。
花果期: 花期5~6 月; 果期6~11 月。也可通过产期调节技术将成熟调至12 月至翌年3 月。
分布: 原产热带美洲, 全球热带地区有栽培。中国浙江、台湾、福建、广东、广西、海南和云南等地均有栽培。

植株

叶片

叶与果

小果
花

熟果

红花檵木 *Loropetalum chinense* Oliver var. *rubrum* Yieh　金缕梅科 Hamamelidaceae

植株

檵木的花

花

果

花

树形和习性: 灌木, 有时为小乔木, 多分枝。
树皮: 黑色, 光滑。
枝条: 小枝有星毛。
叶: 单叶互生, 革质, 卵形, 长2~5 cm, 宽1.5~2.5 cm, 先端尖锐, 基部钝, 不等侧, 全缘, 暗红色到绿色, 有毛。
花与花序: 花3~8 朵簇生, 有短花梗, 比新叶先开放, 或与嫩叶同时开放; 苞片线形, 长3 mm; 萼筒杯状, 被星毛; 花瓣4 片, 带状, 长1~2 cm, 先端圆或钝, 红色。子房下位, 被星毛。
果: 蒴果卵圆形, 长7~8 mm, 宽6~7 mm, 先端圆, 被褐色星状绒毛, 萼筒长为蒴果的2/3。
种子: 卵圆形, 长4~5 mm, 黑色, 发亮。
花果期: 花期3~4 月; 果期6~7 月。
分布: 分布于中国中部、南部及西南各地。

鉴别要点

灌木,有时为小乔木。小枝有星毛。单叶互生,卵形,较小,先端尖锐,基部钝,不等侧,全缘,暗红色到绿色,有毛。花 3~8 朵簇生,有短花梗,花瓣 4 片,带状,长 1~2 cm,先端圆或钝,红色。

红花荷 *Rhodoleia championii* Hook.f.　金缕梅科 Hamamelidaceae

树形和习性: 常绿乔木, 高12~15 m。树冠宽卵形。
树皮: 深灰色。
枝条: 小枝较粗壮, 淡绿色, 无毛, 具"疣状"皮孔。
叶: 单叶互生, 叶卵形或卵状椭圆形, 革质, 全缘, 基部圆钝, 侧脉夹角小于30°。
花: 两性, 花序头状; 花序总苞片3~4层; 花萼不明显, 花瓣红色, 匙形, 具爪。
果: 蒴果, 长1~1.2 cm, 上部4瓣裂, 成熟期10月。
花果期: 花期3~4月; 果期10月。
分布: 产于中国广东海南、香港等地; 海拔100~650 m处。主要为园林树种。

花

叶

带花蕾的枝叶

果

植株

树皮

壳菜果（米老排）*Mytilaria laosensis* Lec.　金缕梅科 Hamamelidaceae

树形和习性: 常绿乔木，高达25 m，胸径40~50 cm。树冠广卵形。
树皮: 灰黑色，老树皮纵裂。
枝条: 小枝较粗，有托叶痕，托叶1 枚包被芽而使芽呈圆锥形。
叶: 单叶互生；叶基部心形，掌状脉，全缘或3 浅裂，但无锯齿。
花: 两性，花序顶生，花序穗状具柄；花萼5~6，花瓣5，带状；花药具4 个花粉囊；子房下位。
果: 蒴果卵圆形，木质，上部室间开列；种子黑色，稍有光泽，具棱角，种脐白色。
花果期: 花期6 月；果成熟期10 月下旬。
分布: 产于中国广东南部、西北部的封开、信宜，广西的十万大山、龙州、德保和云南等地。越南等国家也有分布。海拔200~1 800 m。壳菜果为中性树种至耐阴树种，幼树耐阴，生长较快，是酸性土壤主要造林树种。

植株

种子

芽与乳汁

叶片

叶片与芽

鉴别要点

全株无毛，小枝具环状托叶痕；单叶互生，基部心形，掌状脉；芽圆锥形；有乳汁。

波罗蜜（木波罗、树波罗）*Artocarpus heterophyllus* Lam.　桑科 Moraceae

植株

树形和习性：常绿乔木，高10~20 m，老树常有板状根。
树皮：黑褐色。
枝条：小枝粗2~6 mm，具纵皱纹至平滑，无毛，有托叶环，具乳汁。
叶：革质，椭圆形或倒卵形，长7~15 cm或更长，宽3~7 cm，先端钝或渐尖，基部楔形，成熟之叶全缘，或在幼树和萌发枝上的叶常分裂，侧脉羽状，每边6~8条，中脉在背面显著凸起；托叶包茎，卵形，长1.5~8 cm，外面被贴伏柔毛或无毛，脱落。
花与花序：花雌雄同株，花序生长在老茎或短枝上。
果：聚花果椭圆形至球形，或不规则形状，长30~100 cm，直径25~50 cm，幼时浅黄色，成熟时黄褐色，表面有坚硬六角形瘤状凸体。
花果期：花期2~3月；果期8~9月。
分布：中国广东、广西、海南、云南（南部）常有栽培。

枝叶

果

鉴别要点

常绿乔木，枝条具托叶环，具乳汁。叶革质，大型。花雌雄同株，花序生长在老茎或短枝上。聚花果椭圆形至球形，或不规则形状，长30~100 cm，直径25~50 cm。

相近树种鉴别要点检索

1. 叶螺旋状排列，托叶包茎，托叶痕环状。雄花序有时生于枝端叶腋，雌花序生树干；聚花果长30~100 cm，径25~50 cm ………… 波罗蜜 *A. heterophyllus* Lam.
1. 叶互生，二列；托叶及托叶痕侧生或部分在叶柄内，不成环状。叶薄革质，倒卵形披针状，顶端钝。聚花果近球形，表面粗糙被毛，直径3~5 cm ………… 桂木 *A. nitidus* subsp. *lingnanensis* (Merr.) Jarr.

桂木 *Artocarpus nitidus* subsp. *lingnanensis* (Merr.) Jarr.　桑科 Moraceae

植株

树干

枝叶

叶与果

榕树 *Ficus microcarpa* L.　桑科 Moraceae

植株

树形和习性：常绿大乔木，栽培品种有小乔木或灌木状应用。
叶：薄革质，狭椭圆形，长4~8 cm，宽3~4 cm，先端钝尖，基部楔形，全缘，基生叶脉延长，侧脉3~10 对。
花与花序：隐头花序，雄花、雌花、瘿花同生于一榕果内。
果：榕果成对腋生或生于已落叶枝叶腋，成熟时黄或微红色，扁球形，直径6~8 mm，无总梗。
花果期：花期、果期4~6 月。
分布：产于华南地区、浙江（南部）、湖北（武汉至十堰栽培）、贵州、云南、四川、重庆等地。

果枝

气生根

鉴别要点

常绿乔木，老树常有锈褐色气根，树皮深灰色。叶薄革质，狭椭圆形，先端钝尖，基部楔形。榕果成对腋生或生于已落叶枝叶腋，成熟时黄或微红色，扁球形，无总梗。

树木鉴别小知识

榕属植物类型多样，从藤本到灌木到高大乔木均有，不过鉴别特征也很突出。小枝有环形托叶痕（托叶环）、枝叶具白色乳汁、隐头花序等，极易鉴别。

相近树种鉴别要点检索

1. 木质藤本或叶两型，不结果枝上叶卵状心形，长约 2. 5 cm；结果枝上叶革质，卵状椭圆形，长 5~10 cm，宽 2~3.5 cm；叶全缘，正面无毛，背面被黄褐色柔毛；果大，直径3~5 cm，不埋于土中 ………… 薜荔 *F. pumila* L.
1. 乔木或灌木。
  2. 叶片较大，宽常 8~10 cm，或更大。
    3. 一级侧脉与二级侧脉难于区分，平行展出，直达近叶边缘，网结成边脉 ………… 印度橡胶榕 *F. elastica* Roxb. ex Hornem.
    3. 一级侧脉与二级侧脉区别明显。
      4. 叶片倒卵状长圆形，边缘波状，叶形貌似提琴 ………… 大琴叶榕 *F. lyrata* Warb.
      4. 叶片卵圆形、长圆形等，不为提琴状。
        5. 常绿乔木。叶卵圆形，基部心形，常长尾尖；叶柄有腺体 ………… 菩提榕 *F. religiosa* L.
        5. 常绿乔木。叶厚革质，广卵形至广卵状椭圆形，长 10~19 cm，宽 8~11 cm，先端钝，急尖，基部宽楔形；基生侧脉延长，侧脉 5~7 对 ………… 高榕（高山榕）*F. altissima* Bl.
        5. 落叶乔木。叶薄革质或纸质，披针形至椭圆状披针形，长 10~15 cm，宽 4~7 cm，先端短渐尖，基部钝圆或楔形至浅心形；基生叶脉短，侧脉 7~10 对 ………… 大叶榕 *F. virens* Ait. var. *sublanceolata* (Miq.) Corner
  2. 叶片较小，宽 5 cm 以下。
        6. 叶条形，长 15~20 cm，宽 1.5~2.5 cm ………… 竹叶榕 *F. binnendijkii* (Miq.) Miq.
        6. 叶非条形，长 4~6 cm，宽 3~4 cm。
          7. 叶卵形至卵状椭圆形，先端短渐尖。一级侧脉与二级侧脉难于区分，平行展出，直达近叶边缘，网结成边脉 ………… 垂榕 *F. benjamina* L.
          7. 叶狭椭圆形，先端钝尖。一级侧脉与二级侧脉区别明显，基生叶脉延长，侧脉 3~10 对 ………… 小叶榕 *F. microcarpa* L.

高榕（高山榕）***Ficus altissima* Bl.**　桑科 Moraceae

植株

果枝

气生根

花叶品种之叶

叶

板根

垂榕 ***Ficus benjamina* L.**　桑科 Moraceae

植株

叶

枝条

果

竹叶榕 ***Ficus binnendijkii*** **(Miq.) Miq.** 桑科 Moraceae

植株

枝叶

叶

印度橡胶榕 ***Ficus elastica*** **Roxb. ex Hornem.** 桑科 Moraceae

植株

枝叶

枝叶

果

托叶环

枝条

叶

大琴叶榕 ***F.icus lyrata* Warb.** 桑科 Moraceae

植株

枝叶

薜荔 ***Ficus pumila* L.** 桑科 Moraceae

花叶植株

植株

果枝

菩提榕 ***Ficus religiosa* L.** 桑科 Moraceae

植株

叶

果枝

大叶榕 ***Ficus virens* Ait. var. *sublanceolata* (Miq.) Corner** 桑科 Moraceae

果枝

果枝

植株

簕杜鹃（光叶子花）*Bougainvillea glabra* Choisy　紫茉莉科 Nyctaginaceae

植株

枝叶

花枝

花枝

花枝

树形和习性：常绿藤状灌木。
树皮：光滑。
枝条：枝下垂，无毛或疏生柔毛；刺腋生，长5~15 mm。
叶：纸质，卵形或卵状披针形，长5~13 cm，宽3~6 cm，顶端急尖或渐尖，基部圆形或宽楔形，正面无毛，背面被微柔毛；叶柄长1 cm。
花与花序：花顶生枝端的3个苞片内，花梗与苞片中脉贴生，每个苞片上生一朵花；苞片叶状，紫色或洋红色，长圆形或椭圆形，长2.5~3.5 cm，宽约2 cm，纸质；花被管长约2 cm，淡绿色，疏生柔毛，有棱，顶端5浅裂。
果：少见。
种子：少见。
花果期：花期冬春间，北方温室栽培3~7月开花。
分布：原产于巴西。中国南方栽植于庭院、公园，北方栽培于温室，是美丽的观赏植物。

鉴别要点

藤状灌木；茎粗壮，枝下垂，无毛或疏生柔毛；刺腋生。叶片纸质，卵形或卵状披针形。

相近树种鉴别要点检索

1. 枝、叶无毛或疏生柔毛；苞片长圆形或椭圆形，长成时与花几乎等长；花被管疏生柔毛 …………………………………… 光叶子花 *B. glabra* Choisy
1. 枝、叶密生柔毛；苞片椭圆状卵形，长成时较花长；花被管密生柔毛 …………………… 叶子花 *B. spectabilis* Willd.

叶子花 ***Bougainvillea spectabilis*** **Willd.** 紫茉莉科 Nyctaginaceae

枝叶

花

花

花

巴特三角梅 ***Bougainvillea buttiana*** 紫茉莉科 Nyctaginaceae

巴特三角梅*Bougainvillea buttiana* 为*B. glabra* 和*B. peruviana*（秘鲁三角梅）的杂交种。花苞集生于枝条先端，原有的花萼和雄蕊退化，变成与花苞同色的薄片，小而重叠似绣球，花期长。

花枝

苹婆 ***Sterculia nobilis* Smith**　梧桐科 Sterculiaceae

植株

树形和习性：常绿乔木。
树皮：褐黑色。
枝条：小枝幼时略有星状毛。
叶：薄，革质，矩圆形或椭圆形，长8~25 cm，宽5~15 cm，顶端急尖或钝，基部浑圆或钝。叶柄两端膨大。
花与花序：圆锥花序顶生或腋生，柔弱且披散，长达20 cm，有短柔毛；萼钟状，外面有短柔毛，长约10 mm，5裂，裂片条状披针形，先端渐尖且向内曲，在顶端互相黏合，与钟状萼筒等长。
果：蓇葖果鲜红色，厚革质，矩圆状卵形，长约5 cm，宽2~3 cm，顶端有喙。
种子：椭圆形或矩圆形，黑褐色，直径约1.5 cm。
花果期：花期4~5月；果期7~8月。
分布：产于中国广东、广西的南部，福建东南部，云南南部和台湾地区。

叶

花枝

果

花序

鉴别要点

常绿乔木，叶柄两端膨大。圆锥花序顶生或腋生，柔弱且披散，长达 20 cm，花萼初时乳白色，后转为淡红色，钟状。蓇葖果鲜红色，矩圆状卵形。

相近树种鉴别要点检索

1. 叶较大，矩圆形或椭圆形，长 8~25 cm，宽 5~15 cm。萼钟状，5 裂，裂片条状披针形，在顶端互相黏合 ………………………………………… 苹婆 *S. nobilis* Smith
1. 叶较小，披针形或椭圆状披针形，长 9~20 cm，宽 3.5~8 cm。萼片 5 枚，仅于基部连合，向外开展如星状。蓇葖果鲜红色，长卵形或长椭圆形 ………………………………………… 假苹婆 *S. lanceolata* Cav.

假苹婆 ***Sterculia lanceolata* Cav.**　梧桐科 Sterculiaceae

植株

花序

果

叶

锦绣杜鹃 ***Rhododendron pulcherum*** **Sweet**　杜鹃花科 Ericaceae

树形和习性: 半常绿灌木, 高1.5~2.5 m。
枝条: 枝开展, 淡灰褐色, 被淡棕色糙伏毛。
叶: 薄, 革质, 椭圆状长圆形, 长2~5 cm, 宽1~2.5 cm, 先端钝尖, 基部楔形, 边缘反卷, 全缘, 正面初时散生淡黄褐色糙伏毛, 后近于无毛, 背面被微柔毛和糙伏毛。叶柄密被棕褐色糙伏毛。
花与花序: 两性花, 伞形花序顶生, 有花1~5 朵; 花梗密被淡黄褐色长柔毛; 花萼大, 绿色, 5 深裂, 被糙伏毛; 花冠玫瑰紫色, 阔漏斗形, 长4.8~5.2 cm, 直径约6 cm, 裂片5, 阔卵形, 长约3.3 cm, 具深红色斑点。
果: 蒴果长圆状卵球形, 长0.8~1 cm, 被刚毛状糙伏毛, 花萼宿存。
花果期: 花期4~5 月; 果期9~10 月。
分布: 产于中国江苏、浙江、江西、福建、湖北、湖南、广东、广西、海南和台湾等地。在华南广泛栽培, 最多的一种。

植株

枝叶

叶

花

植株

鉴别要点

半常绿灌木。单叶,互生,椭圆状长圆形,全缘。伞形花序顶生,花冠玫瑰紫色,阔漏斗形,具深红色斑点。

相近树种鉴别要点检索

1. 枝条、叶片等处在针状毛间具有头状腺毛。花白色，无紫色斑点，雄蕊比花冠长 ………………………… 白花杜鹃 *R. mucronatum* (Bl.) G. Don
1. 植株无头状腺毛。花红色、紫色，具紫色斑点，雄蕊比花冠短或等长 ………………………… 锦绣杜鹃 *R. pulcherum* Sweet

白花杜鹃 *R. mucronatum* (Bl.) G. Don　杜鹃花科 Ericaceae

植株

枝叶

花

花

叶

蓝莓 *Vaccinium uliginosum* L. 杜鹃花科 Ericaceae

树形和习性：落叶灌木。
树皮：灰褐色或灰蓝色，表面光滑。
茎：绿色或紫色。
枝条：多分枝，茎短而细瘦，幼枝有微柔毛，老枝无毛。
叶：多数，散生，叶片纸质，倒卵形，椭圆形至长圆形。
花：总状花序，花单生或双生在叶腋间。
果：小浆果，果实呈蓝色、色泽美丽，果肉细腻。
种子：极小。
花果期：通常花期2~4月；果期7~8月。不同品种有一定差异，可以通过产期调节花果期。
分布：亚洲分布于朝鲜、日本、中国，欧洲南、北均有，北美洲分布于东北至西北。

花

果枝

花枝

果

植株

人心果 *Manikara zapota* (L.) van Royen　山榄科 Sapotaceae

植株

树形和习性：乔木，高15~20 m（栽培者常较矮，且常呈灌木状），小枝茶褐色，具明显的叶痕。具乳汁。

叶：互生，密聚于枝顶，长圆形或卵状椭圆形，长6~19 cm，宽2.5~4 cm，先端急尖或钝，基部楔形，全缘或稀微波状，中脉在正面凹入，背面凸起，侧脉纤细，多且相互平行，网脉极细密，两面均不明显。

花：1~2 朵生于枝顶叶腋，长约1 cm；花萼外轮3 裂片长圆状卵形，内轮3 裂片卵形，略短，外面密被黄褐色绒毛，内面仅沿边缘被绒毛；花冠白色，花冠裂片卵形，背部两侧具2 枚等大的花瓣状附属物。

果：浆果纺锤形、卵形或球形，长4 cm 以上，褐色；果肉黄褐色。

花果期：4~9 月。

分布：原产于美洲热带地区。中国广东、广西、云南（主要为西双版纳）等地有栽培。

果

枝叶

叶

鉴别要点

常绿乔木，小枝及叶柄具乳汁。叶互生，密聚于枝顶，长圆形或卵状椭圆形，侧脉纤细，多且相互平行，网脉极细密，两面均不明显。浆果纺锤形、卵形或球形，褐色。

相近树种鉴别要点检索

1. 叶长圆形或卵状椭圆形，先端急尖或钝，中脉在正面凹入，侧脉纤细，多且相互平行，两面均不明显。花瓣背部两侧具 2 枚等大的花瓣状附属物。果纺锤形，褐色 ············ 人心果 *Manikara zapota* (L.) van Royen
1. 叶狭椭圆形，先端渐尖，中脉在正面微凸，侧脉两面均明显，网脉两面均明显。花瓣无附属物。果卵形，绿色转蛋黄色 ············ 蛋黄果 *Lucuma nervosa* A. DC.

蛋黄果 *Lucuma nervosa* A. DC.　山榄科 Sapotaceae

植株

花枝

果枝

果

柿 *Diospyros kaki* Thunb.　柿科 Ebenaceae

植株

树形和习性：落叶大乔木，高10~14 m 以上。

树皮：深灰色至灰黑色，裂成长方块状。

枝条：嫩枝初时有棱，有棕色柔毛或绒毛，或无毛。

叶：互生，纸质，卵状椭圆形至倒卵形或近圆形，通常较大，长5~18 cm，宽2.8~9 cm。全缘。

花与花序：花雌雄异株，花与花序腋生。雄花序聚伞花序。雄花小，长5~10 mm；花萼钟状，两面有毛，深4 裂，花冠钟状。雌花单生叶腋，长约2 cm，花萼绿色，深4 裂；花冠淡黄白色，壶形或近钟形，较花萼短小。

果：球形、扁球形、卵形等，成熟时为浆果。萼宿存。

种子：褐色，椭圆状。

花果期：花期5~6 月；果期9~10 月。

分布：原产于中国长江流域，现全国各地多有栽培。

花枝

枝叶

果枝

果枝

鉴别要点

落叶乔木。叶互生，卵状椭圆形至倒卵形或近圆形，全缘。花雌雄异株。花小，花萼、花冠钟状，四裂小。浆果，萼宿存。

黑柿 *Diospyros nitida* Merr.　柿科 Ebenaceae

树形和习性： 乔木，高达20 m，胸高直径达40 cm，树干通直。
树皮： 灰黑色。
枝条： 小枝灰色或黑棕色，有不规则的浅裂，有纵裂的小皮孔。
叶： 薄革质或纸质，披针形或披针状椭圆形，长5~9 cm，宽1.5~3.3 cm。
花： 雄花簇生，或集成紧密短小的聚伞花序，有短柔毛，花各部分4 数；花梗纤细而短，长约1.5 mm。雌花：单生；花冠壶形，长约3 mm。
果： 球形，直径1~1.2 cm，鲜时绿色，干时黑色，4 室，每室有种子1 颗。
种子： 三棱形，长约6 mm，褐色，背较厚。
花果期： 花期7~12 月，果期9~12 月。
分布： 产于广东和海南，生于海拔400 m 以下低谷地、平地较湿润的阔叶混交林中。越南、菲律宾也有分布。

树干

果

果枝

叶

植株

果

白柿 *Casimiroa edulis* Llave & Lex　芸香科 Rutaceae

树形和习性： 常绿乔木，树高10~15 m。
树皮： 暗灰棕色，上有木栓化皮孔。
枝条： 枝散生，有黄灰色小皮孔。
叶： 掌状复叶，3~7 个小叶。
花： 雌雄同株的果树，无需异花授粉。其花为黄白色小花，密集且多。
果： 扁球形，苹果大小，单颗重300~500 g。
种子： 大而硬，卵形，一果有 1~5 粒种子。
花果期： 花期在11 月至翌年3 月。
分布： 中国台湾、广东和广西等地都有种植。

果

果

果

植株

树干

枝叶

海桐 *Pittosporum tobira* (Thunb.) Ait.　海桐花科 Pittosporaceae

植株

花

果枝

果枝

鉴别要点

常绿灌木。单叶互生，聚生于枝顶，倒卵形或倒披针形，先端圆钝或微凹，蒴果圆球形，有棱或呈三角形，种子多数，多角形，红色。

树形和习性： 常绿灌木，高达6 m。
树皮： 光滑。
枝条： 嫩枝被褐色柔毛，有皮孔。
叶： 单叶互生，聚生于枝顶，革质，倒卵形或卵状披针形，长4~9 cm，宽1.5~4 cm。先端圆形或钝，常微凹入或微心形，基部窄楔形。
花与花序： 伞形花序或伞房状伞形花序顶生或近顶生，密被黄褐色柔毛。花白色，有芳香，后变黄色。
果： 蒴果圆球形，有棱或呈三角形，直径12 mm。 3片裂开；果片木质。
种子： 多数，长4 mm，多角形，红色。
花果期： 花期3~5月；果期8~9月。
分布： 分布于中国长江以南各地。

大叶相思 *Acacia auriculiformis* A. Cunn. ex Benth.　含羞草科 Mimosaceae

植株

树形和习性：常绿乔木。
树皮：平滑，灰白色。
枝条：下垂，小枝无毛，皮孔显著。
叶：叶状柄镰状长圆形，长10~20 cm，宽1.5~4(6)cm，两端渐狭，比较显著的弧形主脉有3~7条。
花：穗状花序长3.5~8 cm，1至数枝簇生于叶腋或枝顶；花小，橙黄色。
果：荚果成熟时旋卷，长5~8 cm，宽8~12 mm；果瓣木质，每一果内有种子约12 粒。
种子：黑色，围以折叠的珠柄。
分布：原产于澳大利亚北部及新西兰。中国广东、广西、福建有引种。

花枝

花序

果

叶

鉴别要点

常绿乔木，枝条下垂，树皮平滑，灰白色。叶状柄镰状长圆形，两端渐狭，弧形主脉有3~7条。穗状花序，花橙黄色；荚果成熟时旋卷；果瓣木质。

相近树种鉴别要点检索

1. 叶状柄较大，长 10 cm 以上，宽 1.5 cm 以上。花组成穗状花序。
　2. 小枝圆形，叶状柄长 10~20 cm，宽 1.5~6 cm，主脉 3 条不突出 ……… 大叶相思 *A. auriculiformis* A. Cunn. ex Benth.
　2. 小枝具三棱状翅，叶状柄长 10~25 cm；宽 5~7 cm，主脉 4 条明显，背面突起 ………… 马占相思 *A. mangium* Willd.
1. 叶状柄较小，长 6~10 cm，宽 4~10 mm；花组成圆球形的头状花序 ……………………………… 台湾相思 *A. confusa* Merr.

台湾相思 *Acacia confusa* Merr.　含羞草科 Mimosaceae

植株

花序

果

枝叶

树皮

马占相思 *Acacia mangium* Willd.　含羞草科 Mimosaceae

植株

叶状柄

果

紫荆 *Cercis chinensis* Bunge　苏木科 Caesalpiniaceae

植株

树形和习性： 丛生或单生灌木，高2~5 m。
树皮： 灰白色。
枝条： 小枝灰白色。
叶： 纸质，近圆形或三角状圆形，长5~10 cm，宽与长相等或略短于长，先端急尖，基部浅至深心形，两面通常无毛，嫩叶绿色，仅叶柄略带紫色，叶缘膜质透明，新鲜时明显可见。
花与花序： 花紫红色或粉红色，2~10 朵成束，簇生于老枝和主干上，尤以主干上花束较多，越到上部幼嫩枝条则花越少，通常先于叶开放，但嫩枝或幼株上的花则与叶同时开放。
果： 荚果扁狭长形，绿色，长4~8 cm，宽1~1.2 cm，翅宽约1.5 mm，先端急尖或短渐尖，喙细而弯曲，基部长渐尖，两侧缝线对称或近对称。
种子： 2~6 粒，阔长圆形，长5~6 mm，宽约4 mm，黑褐色，光亮。
花果期： 花期3~4 月；果期8~10 月。
分布： 产于中国东南部，河北、广东、广西、云南、四川、陕西、浙江、江苏和山东等地有分布。

花

叶

果

鉴别要点

丛生或单生灌木，树皮和小枝灰白色。先花后叶，花簇生老枝和主干上，紫红色或粉红色，无总花梗，荚果薄，通常不开裂，有翅，喙细小而弯曲；叶纸质，较薄，背面通常无毛或沿脉上被短绒毛。

相近树种鉴别要点检索

1. 落叶灌木，树皮、小枝灰白色。小枝直。叶卵圆形，绿色 ………… 紫荆 *C. chinensis* Bunge
1. 落叶小乔木，树皮、小枝黑褐色。小枝曲折。叶圆形，常具红晕 ………… 加拿大紫荆 *C. canadensis* L.

加拿大紫荆 *Cercis canadensis* L.　苏木科 Caesalpiniaceae

植株

枝叶

花

雪茄花 *Cuphea hyssopifolia* H.B.K.　千屈菜科 Lythraceae

植株

树形和习性：常绿灌木或亚灌木，高30~40 cm。
枝条：近圆柱形，被短糙毛，常紫红色。
叶：无柄；叶片狭长矩圆形或长椭圆形，长1~2 cm，宽0.4~0.6 cm，先端急尖，基部圆形，全缘。
花：单生叶腋。萼筒上有毛，花瓣6枚，近等大，紫红色。
果：似雪茄，小而绿色。
花果期：全年，多次。
分布：中国各地普遍有栽培。

花枝

花枝

枝叶

鉴别要点

常绿小灌木或亚灌木，高 30~40 cm。枝条被短糙毛，常紫红色。叶片狭长矩圆形或长椭圆形。花瓣 6 枚生萼筒上。

相近树种鉴别要点检索

1. 叶片狭长矩圆形或长椭圆形，长 1~2 cm，宽 0.4~0.6 cm。枝条疏被短糙毛，常紫红色 …………………… 雪茄花 *C. hyssopifolia* H.B.K.
1. 叶片椭圆形，长 1.5~2 cm，宽 0.6~1.0 cm。枝条密被短糙毛，常绿色 …………………… 紫雪茄花 *C. articulata*

紫雪茄花 *Cuphea articulata*　千屈菜科 Lythraceae

花

枝叶

枝条

植株

花枝

紫薇 *Lagerstroemia indica* L.　千屈菜科 Lythraceae

植株

树形和习性： 落叶灌木或小乔木，高可达7 m。
树皮： 平滑，灰色或灰褐色。
枝条： 枝干多扭曲，小枝纤细，具4 棱，略成翅状。
叶： 互生或对生，纸质，椭圆形、阔矩圆形或倒卵形，长2.5~7 cm，宽1.5~4 cm，顶端短尖或钝形，有时微凹，基部阔楔形或近圆形。
花与花序： 顶生圆锥花序长10~20 cm，花萼外面平滑无棱，裂片6，直立，花瓣6，皱缩，具长爪；雄蕊36~42，外面6 枚着生于花萼上。
果： 球形或阔椭圆形，长1~1.3 cm，成熟时或干燥时呈紫黑色，室背开裂。
种子： 有翅，长约8 mm。
花果期： 花期6~9 月；果期9~12 月。
分布： 中国广东、广西、湖南、福建、江西、浙江、江苏、湖北、河南、河北、山东、安徽、陕西、四川、云南、贵州及吉林均有生长或栽培。

花序

枝叶

果

鉴别要点

落叶灌木或小乔木；树皮光滑。小枝纤细，具4棱。单叶互生或有时对生，椭圆形、阔矩圆形。圆锥花序顶生，花瓣褶皱，常有柄，着生花萼筒上。蒴果。

相近树种鉴别要点检索

1. 落叶灌木或小乔木。小枝四棱形。叶片小，椭圆形。花、果较小。花萼常平滑无棱 ·························· 紫薇 *L. indica* L.
1. 落叶小乔木。小枝圆柱形。叶片大，矩圆形。花、果大型。花萼有棱 12 条 ················· 大花紫薇 *L. speciosa* (L.) Pers.

大花紫薇 *Lagerstroemia speciosa* (L.) Pers.　千屈菜科 Lythraceae

植株

花

枝叶

果

树皮

叶

土沉香 ***Aquilaria sinensis* (Lour.) Spreng**　瑞香科 Thymelaeaceae

植株

果

树干

结香木材

树形和习性：常绿乔木。
树皮和枝条：外皮暗灰色，内皮白色，表面光滑。
叶：椭圆状披针形、披针形或倒披针形，全缘。
花：伞形花序，无梗，或有短的总花梗，被绢状毛，花白色。
果：蒴果倒卵形，木质。
种子：通常1颗，卵圆形。
花果期：花期3~4月份；果期5~6月份。
分布：分布于印度、印度尼西亚、越南、马来西亚等国，中国热带地区也有引种。

白千层 *Melaleuca cajuputi* Powell subsp. *cumingiana* (Turcz) Barlow

桃金娘科 Myrtaceae

植株

树形和习性：常绿乔木。
树皮：灰白色，厚而松软，呈薄层状剥落。
枝条：嫩枝灰白色。
叶：单叶互生，叶片革质，披针形或狭长圆形，长4~10 cm，宽1~2 cm，两端尖，基出脉3~5(7) 条，多油腺点，香气浓郁。
花与花序：白色，密集于枝顶成穗状花序。
果：蒴果近球形，直径5~7 mm。
花果期：花期每年多次。
分布：原产于澳大利亚。中国广东、台湾、福建、广西等地均有栽种。

花序

树皮

枝叶

鉴别要点

常绿乔木；树皮灰白色，厚而松软，呈薄层状剥落。单叶互生，披针形或狭长圆形，基出脉 3~5(7) 条，多油腺点，香气浓郁。花白色，密集于枝顶成穗状花序。

相近树种鉴别要点检索

1. 叶长 4 cm 以上，宽于 1 cm，基出脉 3~5 条 ························ 白千层 *M. cajuputi* Powell subsp. *cumingiana* (Turcz) Barlow
1. 叶长不及 2 cm，宽约 5 mm。
  2. 叶条状披针形。
    3. 幼叶黄绿，叶下部稍卷曲 ························ 美丽白千层 *M. styphelioides* Sm
    3. 叶黄色，叶下部不卷曲 ························ 千层金 *M. bracteata* F. Muell. ‘Revolution Gold’
  2. 叶针形 ························ 细花白千层 *M. parviflora* Lindl

美丽白千层 *Melaleuca styphelioides* Sm　桃金娘科 Myrtaceae

植株

枝叶

花序

千层金 *Melaleuca bracteata* F. Muell. 'Revolution Gold'　桃金娘科 Myrtaceae

植株

幼嫩枝条

枝叶

细花白千层 *Melaleuca parviflora* Lindl　桃金娘科 Myrtaceae

植株

花枝

柠檬桉 *Eucalyptus citriodora* Hook. f.　桃金娘科 Myrtaceae

树形和习性：常绿乔木，树干挺直。
树皮：树皮光滑，灰白色，大片状脱落。
叶：幼态叶片披针形，有腺毛，基部圆形，叶柄盾状着生；成熟叶片狭披针形，宽约1 cm，长10~15 cm，稍弯曲，两面有黑腺点，揉之有浓厚的柠檬气味；过渡性叶阔披针形，宽3~4 cm，长15~18 cm。
花与花序：圆锥花序腋生；花梗有2 棱；花蕾长倒卵形，长6~7 mm；萼管长5 mm，上部宽4 mm；帽状体长1.5 mm，比萼管稍宽，先端圆，有1 小尖突。
果：蒴果壶形，长1~1.2 cm，宽8~10 mm；果瓣藏于萼管内。
花果期：花期4~9 月；果期8~12 月。
分布：原产地在澳大利亚东部及东北部无霜冻的海岸地带。目前中国广东、广西及福建南部有栽种。

花枝

鉴别要点

常绿乔木，树干挺直，树皮光滑，灰白色，大片状脱落。枝及叶有浓郁的柠檬气味。叶对生。

植株

树皮

相近树种鉴别要点检索

1. 枝及叶有浓郁的柠檬气味；树皮光滑灰白色 ······ 柠檬桉 *E. citriodora* Hook. f.
1. 枝及叶有桉油气味；树皮粗糙 ······ 大叶桉 *E. robusta* Smith

大叶桉 *Eucalyptus robusta* Smith　桃金娘科 Myrtaceae

叶片

树皮

植株

红千层 *Callistemon rigidus* R. Br.　桃金娘科 Myrtaceae

植株

树形和习性: 常绿乔木。
树皮: 坚硬, 灰褐色。
枝条: 嫩枝有棱, 初时有长丝毛, 不久变无毛。直立。
叶: 单叶互生, 叶片坚革质, 线形, 长5~9 cm, 宽3~6 mm, 先端尖锐, 初时有丝毛, 不久脱落, 油腺点明显。
花与花序: 穗状花序生于枝顶; 萼管略被毛, 花瓣绿色, 卵形, 有油腺点; 雄蕊长2.5 cm, 鲜红色, 花药暗紫色, 椭圆形。
果: 蒴果半球形。
花果期: 6~8 月。
分布: 原产于澳大利亚。中国华南地区及云南有栽培。

鉴别要点

常绿乔木,枝条直立。单叶,叶片坚革质,线形,油腺点明显,有香气。穗状花序生于枝顶,雄蕊长2.5 cm,鲜红色。蒴果半球形。

相近树种鉴别要点检索

1. 叶条状披针形, 较狭长, 长 5~9 cm, 宽 0.3~0.6 cm。
　2. 枝条柔软, 常下垂。雄蕊花丝基部连接成环并整体脱落。蒴果杯状, 容易开裂脱落 …… 串钱柳 *C. viminalis* G. Don
　2. 枝条坚硬挺直, 不下垂。雄蕊分散脱落。果实宽碗状, 不易脱落 …… 红千层 *C. rigidus* R. Br.
1. 叶长椭圆形, 较短宽, 长 4~5 cm, 宽 1.5 cm。果实坛状 …… 美花（桔香）红千层 *C. citrinus* (Curtis) Skeels

果枝

串钱柳 *Callistemon viminalis* G. Don　桃金娘科 Myrtaceae

植株

枝条

花枝

美花（橘香）红千层 *Callistemon citrinus* (Curtis) Skeels　桃金娘科 Myrtaceae

植株

枝叶

枝条

花枝

石榴 ***Punica granatum*** **L.**　石榴科 Punicaceae

植株

花枝

花

鉴别要点

落叶灌木或乔木，枝顶常成尖锐长刺，幼枝具棱角。单叶，叶通常对生，纸质，矩圆状披针形。花大，萼筒长 2~3 cm。浆果近球形，直径 5~12 cm，花萼宿存；种子红色至乳白色，供食用。

果

树形和习性：落叶灌木或乔木，高通常3~5 m。
树皮：粗糙，有瘤突。
枝条：枝顶常成尖锐长刺，幼枝具棱角，无毛，老枝近圆柱形。
叶：通常对生，纸质，矩圆状披针形，长2~9 cm，顶端短尖、钝尖或微凹。
花与花序：花大，1~5朵生枝顶；萼筒长2~3 cm，通常红色或淡黄色，花瓣通常大，红色、黄色或白色，长1.5~3 cm，宽1~2 cm，顶端圆形。
果：浆果近球形，直径5~12 cm，通常为淡黄褐色或淡黄绿色，花萼宿存。
种子：种子多数，钝角形，红色至乳白色，供食用。
花果期：花期5~7月；果期8~9月。
分布：原产于巴尔干半岛至伊朗及其邻近地区，全世界的温带和热带地区都有种植。中国各地均有栽培。

榄仁 ***Terminalia catappa* L.**　使君子科 Combretaceae

植株

树形和习性：落叶乔木，高15 m 或更高。
树皮：褐黑色，纵裂而剥落状；
枝条：枝平展，近轮生。
叶：单叶，大而互生，常密集于枝顶，叶片倒卵形，长12~22 cm，宽8~15 cm，先端钝圆或短尖，中部以下渐狭，基部截形或狭心形，全缘。
花与花序：穗状花序长而纤细，腋生，长15~20 cm，雄花生于上部，两性花生于下部；花多数，绿色或白色，长约10 mm；花瓣缺，萼筒杯状，长8 mm，萼齿5，三角形，与萼筒等长；雄蕊10 枚。
果：果椭圆形，常稍压扁，具2 棱，棱上具翅状的狭边，长3~4.5 cm，宽2.5~3.1 cm，两端稍渐尖；果皮木质，坚硬，成熟时青黑色。
种子：单粒，矩圆形，含油质。
花果期：花期3~6 月；果期7~9 月。
分布：产于中国广东、台湾、云南（东南部）等地。

果枝

叶

花序

果

鉴别要点

落叶乔木，枝条近轮生；叶大，互生，常密集于枝顶，叶片倒卵形；穗状花序；果椭圆形，常稍压扁，具 2 棱，棱上具翅状的狭边。

相近树种鉴别要点检索

1. 叶小，常 2 cm 左右，宽 1 cm 左右，倒卵状披针形、倒卵形 ………… 小叶榄仁 *T. mantaley* H. Perrier
1. 叶大，长 6 cm 以上，宽 3 cm 以上。
  2. 叶倒卵形或倒卵状披针形。
    3. 叶片倒卵形，长 12~22 cm，宽 8~15 cm，先端钝圆或短尖，中部以下渐狭，基部截形或狭心形 ………… 榄仁 *T. catappa* L.
    3. 叶片倒卵形或倒卵状披针形，长 8~10 cm，宽 4~6 cm，先端钝圆或短尖，中部以下渐狭，基部楔形 ………… 莫氏榄仁 *T. muelleri* Benth.
  2. 叶椭圆形或披针形。
    4. 叶长椭圆形，先端圆钝。叶柄短，腺体位于叶基上方 ………… 阿江榄仁 *T. arjuna* (Roxb. ex DC.) Wight et Arn.
    4. 叶披针形，先端渐尖。叶柄长，腺体位于叶基下方 ………… 千果榄仁 *T. myriocarpa* Huerch et M.–A.

小叶榄仁 *Terminalia mantaley* H. Perrier　使君子科 Combretaceae

植株

叶

枝条

莫氏榄仁 *Terminalia muelleri* Benth.　使君子科 Combretaceae

花

叶

树皮

阿江榄仁 *Terminalia arjuna* (Roxb. ex DC.) Wight et Arn. 使君子科 Combretaceae

植株

叶

果枝

果枝

枝叶

树皮

千果榄仁 *Terminalia myriocarpa* Huerch et M.-A. 使君子科 Combretaceae

植株

枝叶

花序

叶茎

树皮

喜树 *Camptotheca acuminata* Decne　蓝果树科 Nyssaceae

植株

花枝

花序

鉴别要点

落叶乔木。单叶互生，矩圆状卵形或矩圆状椭圆形，长 12~28 cm，宽 6~12 cm。头状花序近球形，直径 1.5~2 cm，常由 2~9 个头状花序组成圆锥花序。翅果矩圆形，长 2~2.5 cm，着生成近球形的头状果序。

果序

树形和习性：落叶乔木，高达20 m 以上。
树皮：灰色或浅灰色，纵裂成浅沟状。
枝条：圆柱形，平展，当年生枝紫绿色，有灰色微柔毛，多年生枝淡褐色或浅灰色，无毛。
叶：单叶互生，矩圆状卵形或矩圆状椭圆形，长12~28 cm，宽6~12 cm，顶端短锐尖，基部近圆形或阔楔形，全缘。
花与花序：头状花序近球形，直径1.5~2 cm，常由2~9 个头状花序组成圆锥花序，顶生或腋生，通常上部为雌花序，下部为雄花序。子房下位。
果：翅果矩圆形，长2~2.5 cm，顶端具宿存的花盘，两侧具窄翅，幼时绿色，干燥后黄褐色，着生成近球形的头状果序。
花果期：花期5~7月；果期9月。
分布：产于中国江苏（南部）、浙江、福建、江西、湖北、湖南、四川、贵州、广东、广西、云南等地。

乌桕 *Sapium sebiferum* (L.) Roxb.　大戟科 Euphorbiaceae

植株

果枝

果枝

鉴别要点

落叶乔木，枝叶有乳汁；单叶互生，菱形、菱状卵形，叶柄顶端具2腺体。花单性，雌雄同株同花序，总状花序；种子外被白色、蜡质的假种皮。

树形和习性： 落叶乔木。
枝条： 枝广展，具皮孔。枝叶有乳汁。
树皮： 暗灰色，有纵裂纹。
叶： 单叶互生，纸质，叶片菱形、菱状卵形或稀有菱状倒卵形，长3~8 cm，宽3~9 cm，顶端骤然紧缩成长短不等的尖头，基部阔楔形或钝，全缘，叶柄顶端具2 腺体。
花与花序： 总状花序顶生，花单性，雌雄同株同花序。
果： 蒴果梨状球形，成熟时黑色，直径1~1.5 cm。
种子： 扁球形，黑色，长约8 mm，宽6~7 mm，外被白色、蜡质的假种皮。
花果期： 花期4~8 月；果期8~10 月。
分布： 主要分布于中国黄河以南各地，北达陕西、甘肃等地。

树皮

叶

相近树种鉴别要点检索

1. 叶菱形，长和宽近相等，顶端骤然紧缩成长短不等的尖头 ······ 乌桕 *S. sebiferum* (L.) Roxb.
1. 叶长卵形或椭圆形，长为宽的 2 倍，顶端钝或短渐尖 ······ 山乌桕 *S. discolor* (Champ. ex Benth.) Muell.

山乌桕 *Sapium discolor* (Champ. ex Benth.) Muell.　大戟科 Euphorbiaceae

植株

枝叶

果枝

火殃簕 ***Euphorbia antiquorum* L.** 大戟科 Euphorbiaceae

植株

树形和习性：肉质灌木状，乳汁丰富。高3~5 m。
树皮：光滑，绿色或灰绿色。
枝条：上部多分枝；棱脊3 条，薄而隆起，边缘具明显的三角状齿，齿尖着生叶或残留2~3 刺。
叶：叶退化，有时出现正常叶常生于嫩枝顶部，倒卵形或倒卵状长圆形，长2~5 cm，宽1~2 cm，顶端圆，基部渐狭，全缘。托叶刺状。
花与花序：花序单生于叶腋，基部具2~3 mm 短柄；总苞阔钟状，高约3 mm，直径约5 mm，边缘5 裂，裂片半圆形，边缘具小齿；腺体5。
果：蒴果三棱状扁球形。
花果期：全年。
分布：原产于印度。中国南方均有露地栽培，其他地区盆栽用于观赏。分布于亚洲热带地区。

植株

花枝

花序

叶和刺

鉴别要点

肉质灌木状，茎常三棱，棱脊薄而隆起，边缘具明显的三角状齿，齿尖着生叶或残留 2~3 刺，近上部幼枝有叶。

相近树种鉴别要点检索

1. 枝条近似圆柱形，具有 5 条不明显的棱脊，螺旋状上升 ………… 金刚纂 *E. neriifolia* L.
1. 枝条三棱形，具有 3 条明显的棱脊，下部主干少有 4 条棱脊，棱脊通直。
  2. 枝条大，排列疏松，棱脊上的三角形齿较大，稀疏，间隔 1 cm 以上 ………… 火殃簕 *E. antiquorum* L.
  2. 枝条较小，排列紧密，棱脊上的三角形齿较小，密集，间隔 0.5 cm ………… 彩云阁 *E. trigona* Mill.

金刚纂 *Euphorbia neriifolia* L.　大戟科 Euphorbiaceae

植株

植株

枝叶

花枝

花序

彩云阁 *Euphorbia trigona* Mill.　大戟科 Euphorbiaceae

植株

叶和刺

植株

可可 *Theobroma cacao* L.　锦葵科 Malvaceaeae

果枝

树形和习性：常绿乔木，高达12 m，树冠繁茂。
树皮：厚，暗灰褐色。
枝条：嫩枝褐色，被短柔毛。
叶：卵状长椭圆形至倒卵状长椭圆形。
花：排成聚伞花序。
果：核果椭圆形或长椭圆形。
种子：呈椭圆形或卵形。
花果期：几乎全年。
分布：原产于美洲中部及南部，现广泛栽培于全世界的热带地区，中国海南和云南（南部）有栽培。

果

果

植株

叶

果

果

花

种子

花

杧果 *Mangifera indica* L.　漆树科 Anacardiaceae

果

树形和习性： 常绿大乔木，高10~20 m。
树皮： 灰褐色。
枝条： 小枝褐色，无毛。
叶： 长圆形或长圆状披针形，长12~30 cm，宽3.5~6.5 cm，先端渐尖、长渐尖或急尖，基部楔形或近圆形，边缘皱波状，无毛，叶面略具光泽，侧脉20~25对，斜升，两面突起，叶柄长2~6 cm，正面具槽，基部膨大。
花序与花： 花小，杂性，黄色或淡黄色，花瓣长圆形或长圆状披针形，花盘膨大，肉质，5浅裂，
果： 核果大，肾形，成熟时黄色，中果皮肉质，肥厚，鲜黄色，味甜；果核坚硬。
种子： 较大。
花果期： 花期3~4月；果期7~8月。
分布： 产于中国云南、广西、广东、福建、台湾等地。

花

花序被毛

树皮

上2叶扁桃叶，下2叶杧果叶

相近树种鉴别要点检索

1\. 树冠质地较粗糙；叶长圆形或长圆状披针形，宽 3.5~6.5 cm。花序被毛 ………………………… 杧果 *M. indica* L.
1\. 树冠质地较细密，叶狭披针形或线状披针形，宽 2~2.8 cm。花序无毛 …………………………………………………… 扁桃 *M. persiciformis* C. Y. Wu et T. L. Ming

鉴别要点

常绿乔木，树皮灰褐色，具纵裂纹。单叶长圆形或长圆状披针形，宽 3.5~6.5 cm，圆锥花序被毛。肉质核果，核果压扁。

扁桃 *Mangifera persiciformis* C. Y. Wu et T. L. Ming　漆树科 Anacardiaceae

植株

叶

黄晶果 *Pouteria caimito* Radlk.　山榄科 Sapotaceae

树形和习性: 常绿乔木, 植株树形半开张。

树皮和枝条: 枝条柔软且有一定的韧性、树干受伤易分泌白色胶状乳汁, 老熟枝条呈灰褐色, 表皮较粗糙, 新梢呈绿色圆柱形。

叶: 互生, 长10~20 cm, 宽3~6 cm, 叶片绿色有光泽, 先端尖锐, 基部楔形, 叶片总体呈现倒卵形或披针形。

花与花序: 花两性, 单生或数朵丛生叶腋处, 每枝开花20至280朵。

果: 浆果卵圆形或圆球形。

种子: 椭圆形种子1~4粒, 黑褐色或深褐色。

花果期: 周年开花结果。

分布: 原产于亚马孙河上游, 中国海南、广东、广西、福建、云南、台湾等地有引种。

叶

树干

果

果

树梢

神秘果 *Synsepalum dulcificum* Daniell　山榄科 Sapotaceae

植株

果

果

果与枝

树形和习性：多年生常绿灌木。
树皮：枝、茎灰褐色。
枝条：枝上有不规则的网线状灰白色条纹，分枝部位低，枝条数量多。
叶：单叶互生，近对生或对生，有时密聚于枝顶，通常革质。
花：花单生或通常数朵簇生叶腋或老枝上，有时排列成聚伞花序，稀成总状或圆锥花序。
果：果为浆果，有时为核果状，果肉近果皮处有厚壁组织而成薄革质至骨质外皮。
种子：种子1至数枚，通常具油质胚乳或没有，种皮褐色，硬而光亮，富含单宁，有各种各样的疤痕，子叶薄或厚，有时叶状。
花果期：每年有3次盛花期；花后两个月为果实成熟期 。
分布：主要分布于东半球和美洲热带地区。中国主产于华南地区和云南省，少数产于台湾省。

果

叶

东魁杨梅 *Morella rubra* 'Dong Kui'　杨梅科 Myricaceae

树形和习性：树形高大，树冠圆头形，树势极强，枝粗节密。
树皮：灰色。
枝条：成枝力强，枝粗节密。
叶：叶色浓绿，叶背脉纹明显叶色浓绿。
花与花序：雌雄异株，花为风媒花。
果：果实大，高圆形，完熟时深红色或紫红色，缝合线明显，果蒂突出，黄绿色。果实汁多，甜酸适中，味浓。
花果期：花期为3月上旬；果成熟期为6月下旬至7月上旬。
分布：原产于中国浙江，福建、广东、云南、贵州、湖南等地有引种栽培。

花序

植株

果

枝与果

枝叶

澳洲坚果 *Macadamia integrifolia Maiden Betche* 山龙眼科 Proteaceae

树形和习性: 乔木, 树冠的变化趋势为由圆锥形至紧凑圆头形转换。
树皮: 呈褐色、浅褐色、深褐色。
枝条: 树干强壮且直立, 分枝点较低, 接近地平面, 枝条椭圆形、圆形、倒针形。
叶: 革质, 通常3 枚轮生或近对生, 长圆形至倒披针形。
花: 总状花序, 腋生或近顶生, 花淡黄色或白色。
果: 果球形。
种子: 通常为球形, 种皮骨质, 光滑。
花果期: 花期4~5 月; 果期7~8 月。
分布: 原产于澳大利亚的东南部热带雨林中, 中国广西、广东、云南(西双版纳)、台湾有栽培。

花序

植株

果

红鸡蛋花 *Plumeria rubra* L.　夹竹桃科 Apocynaceae

树形和习性：落叶小乔木，高达5 m。
树皮：光滑。
枝条：粗壮，肉质，具丰富乳汁。
叶：厚纸质，长圆状倒披针形，顶端急尖，基部狭楔形，长14~30 cm，宽6~8 cm，叶全缘，侧脉每边30~40 条，近水平横出，未达叶缘网结。
花与花序：聚伞花序顶生，总花梗三歧；花萼裂片小，阔卵形；花冠深红色，花冠圆筒形，长1.5~1.7 cm，直径约3 mm；花冠裂片花蕾时左旋覆盖。
果：蓇葖果双生，广歧，长圆形，顶端急尖，长约20 cm。
花果期：花期3~9 月；栽培极少结果，一般为7~12 月。
分布：原产于南美洲，现广泛种植于亚洲热带和亚热带地区。中国南部有栽培，常见于公园。

花序

花序和叶

鉴别要点

落叶小乔木，枝条粗壮，肉质，有乳汁。叶大型，长圆状倒披针形，侧脉每边 30~40 条，近水平横出，未达叶缘网结。聚伞花序顶生，花红色，花蕾时花瓣左旋覆盖；蓇葖双生，广歧。

相近树种鉴别要点检索

1. 叶长圆倒披针形，叶渐尖或急尖。
  2. 叶渐尖，花白色，中部黄色 ······ 鸡蛋花 *Plumeria rubra* L. ‘Acutifolia’
  2. 叶急尖，花红色 ······ 红鸡蛋花 *Plumeria rubra* L.
1. 叶长圆倒卵形，叶尖圆钝；花白色 ······ 钝叶鸡蛋花 *Plumeria obtusa* L.

钝叶鸡蛋花 *Plumeria obtusa* L.　夹竹桃科 Apocynaceae

植株

花序及叶

鸡蛋花 *Plumeria rubra* L. 'Acutifolia'　夹竹桃科 Apocynaceae

植株

果

枝叶

枝条

花序

夜香树 *Cestrum nocturnum* L.　茄科 Solanaceae

植株

植株

花序

叶片

花序

树形和习性：直立或近攀缘状灌木，高2~3 m。
树皮：灰绿色。
枝条：全体无毛；枝条细长而下垂。
叶：单叶互生，叶片矩圆状卵形或矩圆状披针形，长6~15 cm，宽2~4.5 cm，全缘，顶端渐尖，基部近圆形或宽楔形，两面秃净而发亮。
花与花序：伞房式聚伞花序，腋生或顶生，疏散，长7~10 cm，花多数；花绿白色至黄绿色，晚间极香。花萼钟状，长约3 mm，5浅裂，裂片长约为筒部的1/4；花冠高脚碟状。
果：浆果矩圆状，长6~7 mm，直径约4 mm。
种子：卵状，长约4.5 mm。
花果期：花期为冬末春初；果期为春夏间。
分布：原产于南美洲，现广泛栽培于各热带地区。中国福建、广东、广西和云南等地有栽培。

枝叶

鉴别要点

直立或近攀缘状灌木，全体无毛；枝条细长而下垂。单叶互生，叶片矩圆状卵形或矩圆状披针形，全缘。伞房式聚伞花序，腋生或顶生，花多数；花绿白色至黄绿色，晚间极香，花萼钟状，花冠高脚碟状。

夹竹桃 *Nerium indicum* Mill.　夹竹桃科 Apocynaceae

植株

轮生叶

花序

叶片

树形和习性: 常绿直立大灌木, 高达5 m。
树皮: 光滑。
枝条: 灰绿色, 嫩枝条具棱。
叶: 3~4 片轮生, 下部枝条为对生, 窄披针形, 顶端急尖, 基部楔形, 叶缘反卷, 长11~15 cm, 宽2~2.5 cm, 叶面深绿。
花与花序: 聚伞花序顶生; 花芳香; 花冠深红色或粉红色, 栽培有白色或黄色品种。单瓣花冠5 裂, 漏斗状, 长和直径约3 cm, 花冠喉部具5 片顶端撕裂的副花冠; 重瓣花冠15~18 枚时, 裂片组成三轮; 心皮2, 离生。
果实与种子: 蓇葖2, 离生, 平行, 长圆形。
花果期: 花期几乎全年, 夏秋为最盛; 果期一般在冬春季, 栽培很少结果。
分布: 全国各地均有栽培, 尤以南方为多。

鉴别要点

常绿大灌木。叶 3~4 片轮生,窄披针形。聚伞花序顶生,单瓣花冠为 5 裂,漏斗状。重瓣花冠裂片组成三轮。蓇葖 2,离生。

糖胶树 ***Alstonia scholaris*** **(L.) R. Br.** 夹竹桃科 Apocynaceae

植株

轮生叶

叶及乳汁

花枝

花序

果枝

树形和习性：常绿乔木，高达20 m。
树皮：光滑。
枝条：轮生，具乳汁。
叶：3~8片轮生，倒卵状长圆形、倒披针形或匙形，稀椭圆形或长圆形，长7~28 cm，宽2~11 cm，无毛，顶端圆形，钝或微凹，稀急尖或渐尖，基部楔形；侧脉每边25~50条，密生而平行，近水平横出至叶缘联结。
花与花序：两性花，花白色，多朵组成稠密的聚伞花序；花冠高脚碟状，花冠筒长6~10 mm，中部以上膨大；子房由2枚离生心皮组成；花盘环状。
果：蓇葖2个，细长，线形，下垂，长20~57 cm；种子长圆形，红棕色，两端被红棕色长缘毛，缘毛长1.5~2 cm。
花果期：花期6~11月；果期10月至翌年4月。
分布：中国广西南部、西部和云南南部有野生种群。广东、湖南和台湾等地有栽培。

鉴别要点

常绿乔木。枝轮生，具乳汁。叶3~8片轮生。蓇葖2，细长，线形，下垂。

黄蝉 *Allamanda schottii* Pohl　夹竹桃科 Apocynaceae

植株

轮生叶及花

果枝

叶

花

果

树形和习性: 常绿直立灌木, 高1~2 m。
树皮: 光滑。
枝条: 灰白色, 有乳汁。
叶: 3~5 片轮生, 椭圆形或倒卵状长圆形, 长6~12 cm, 宽2~4 cm, 顶端急尖, 基部楔形, 叶全缘。
花与花序: 聚伞花序顶生, 着花数朵; 苞片披针形, 花萼深5 裂; 花冠漏斗状, 内面具红褐色条纹, 花冠下部圆筒状, 长不超过2 cm, 直径2~4 mm, 基部膨大, 花喉向上扩大成冠檐, 长约3 cm, 直径约1.5 cm, 冠檐顶端5 裂, 花冠裂片向左覆。
果: 蒴果球形, 具长刺, 直径约3 cm。
花果期: 花期5~8 月; 果期10~12 月。
分布: 全国各地均有栽培, 尤以南方为多。

鉴别要点

常绿灌木,枝叶有乳汁。叶 3~5 片轮生。聚伞花序顶生,花冠下部圆筒状,长不超过 2 cm,直径 2~4 mm,基部膨大,花喉向上扩大成冠檐,长约 3 cm,直径约 1.5 cm。蒴果球形,具长刺。

相近树种鉴别要点检索

1. 常绿灌木；花冠筒长不超过 2 cm，其基部膨大 ………… 黄蝉 *A. schottii* Pohl（*A. neriifolia* Hook.）
1. 常绿藤状灌木；花冠筒长 3~4 cm，其基部圆筒状。
   2. 花冠紫色 ………… 紫蝉 *A. violacea* Gardn.
   2. 花冠黄色 ………… 软枝黄蝉 *A. cathartica* L.

紫蝉 *Allamanda violacea* Gardn. 夹竹桃科 Apocynaceae

植株

花枝

软枝黄蝉 *Allamanda cathartica* L. 夹竹桃科 Apocynaceae

植株

花序

轮生叶

花

叶

葫芦树 *Crescentia cujete* L.　紫葳科 Bignoniaceae

树形和习性: 常绿乔木, 高5~18 m, 主干通直, 胸径可达28 cm, 为典型的热带雨林“老茎生花”植物。

树皮: 灰色至棕色。

枝条: 枝条开展, 分枝少。

叶: 丛生, 大小不等, 阔倒披针形, 顶端微尖, 基部狭楔形, 具羽状脉, 中脉被绵毛。

花: 花单生于小枝上, 下垂; 花萼2深裂, 裂片圆形, 花冠钟形, 淡绿黄色, 具褐色脉纹。

果: 卵圆球形, 浆果, 长18~20 cm, 粗9~13 cm、无毛, 黄色至黑色, 果壳坚硬。

种子: 其种子被坚硬的外壳包裹, 一旦外壳破裂, 种子会像炮弹一样喷射而出。

花果期: 春夏开花, 观果期长达6~7个月。

分布: 原产于美洲的热带地区。中国广东、福建、海南、台湾等地有栽培。

花

果枝

植株

果

栀子 *Gardenia jasminoides* Ellis　茜草科 Gardeniaceae

植株

树形和习性：常绿灌木，高0.3~3 m。
枝条：嫩枝常被短毛，枝圆柱形，灰色。
叶：对生，革质，少为3枚轮生，叶形多样，常为长圆状披针形、倒卵状长圆形、倒卵形或椭圆形，长3~25 cm，宽1.5~8 cm，顶端渐尖、骤然长渐尖或短尖而钝，基部楔形或短尖。托叶鞘状。
花：花冠高脚碟状，白色，花萼裂片6，花瓣裂片6；子房下位 有棱。
果：卵形、近球形、椭圆形或长圆形，黄色或橙红色，长1.5~7 cm，直径1.2~2 cm，有翅状纵棱5~9条，顶部的宿存萼片长达4 cm，宽达6 mm。
花果期：花期3~7月；果期5月至翌年2月。
分布：产于中国山东、江苏、安徽、浙江、江西、福建、台湾、湖北、湖南、广东、香港、广西、海南、四川、贵州和云南，河北、陕西和甘肃有栽培。

枝叶

果

花

枝叶

花（重瓣变种：白蟾）

鉴别要点

常绿灌木，叶对生，少为3枚轮生，革质，托叶鞘状。花冠高脚碟状，白色，花萼裂片6，花瓣裂片6；子房下位，有棱。果卵形，有翅状纵棱5~9条。

相近树种鉴别要点检索

1. 叶狭披针形或线状披针形，长3~12 cm，宽0.4~2.3 cm；果有纵棱，棱有时不明显 …………………………………………………… 狭叶栀子 *G. stenophylla* Merr.
1. 叶长圆状披针形、倒卵状长圆形、倒卵形或椭圆形，长3~25 cm，宽1.5~8 cm。果有翅状的纵棱5~9条 …………………………………………………… 栀子 *G. jasminoides* Ellis

狭叶栀子 *Gardenia stenophylla* Merr.　茜草科 Gardeniaceae

植株

花及叶

木麻黄 *Casuarina equisetifolia* Forst. 木麻黄科 Casuarinaceae

植株

果枝

树形和习性：乔木，高达30 m。

树皮：幼树为赭红色，较薄，皮孔密集排列为条状或块状；老树的树皮粗糙，深褐色，不规则纵裂，内皮深红色。

枝条：枝红褐色，有密集的节；最末次分出的小枝灰绿色，纤细，直径0.8~0.9 mm，长10~27 cm，常柔软下垂。

叶：单退化膜质。

花与花序：花雌雄同株或异株；雄花序几无总花梗，棒状圆柱形。雌花序通常顶生于近枝顶的侧生短枝上。

果：球果状果序椭圆形，长1.5~2.5 cm，直径1.2~1.5 cm。

种子：小坚果，连翅长4~7 mm。

花果期：花期4~5月；果期7~10月。

分布：原产于澳大利亚和太平洋岛屿。中国广西、广东、福建、台湾普遍有栽植，已渐驯化。

退化叶

果枝

枝条

果

鉴别要点

乔木。叶退化膜质。花生于当年枝基部，无花被。翅果扁平，长椭圆形。最末次分出的小枝灰绿色，纤细，直径 0.8~0.9 mm，长 10~27 cm，常柔软下垂。球果状果序椭圆形。

阔叶十大功劳 *Mahonia bealei* (Fort.) Carr.　小檗科 Berberidaceae

植株

花序

树形和习性: 灌木或小乔木, 高0.5~4 m。
树皮: 浅灰色, 裂成小方块状。
枝条: 少分枝。
叶: 一回羽状复叶, 狭倒卵形至长圆形, 具4~10 对小叶, 厚革质, 硬直, 正面暗灰绿色, 背面被白霜, 两面叶脉不显, 基部阔楔形或圆形, 偏斜, 有时心形, 边缘每边具2~6 粗锯齿, 先端具硬尖。
花与花序: 总状花序直立, 通常3~9 个簇生。花黄色。
果: 浆果卵形, 长约1.5 cm, 直径1~1.2 cm, 深蓝色, 被白粉。
花果期: 花期9 月至翌年1 月; 果期3~5 月。
分布: 产于中国浙江、安徽、江西、福建、湖南、湖北、陕西、河南、广东、广西、四川等地。

果序

叶

鉴别要点

灌木或小乔木；一回羽状复叶。小叶厚革质,硬直,先端具硬尖。总状花序直立,通常 3~9 个簇生。花黄色。浆果卵形,深蓝色,被白粉。

相近树种鉴别要点检索

1. 叶柄长 2.5~9 cm；小叶 2~5 对，披针形至椭圆状披针形；花梗与苞片等长；花瓣基部腺体显著 ………………………………… 十大功劳 *M. fortunei* (Lindl.) Fedde
1. 叶柄长 2 cm 以下或近无柄，小叶 4~5 对；小叶长圆形、卵形、阔椭圆形，边缘具齿，背面被白粉；浆果直径 10~12 mm ………………………………… 阔叶十大功劳 *M. bealei* (Fort.) Carr.

十大功劳 *Mahonia fortunei* (Lindl.) Fedde　小檗科 Berberidaceae

植株

叶片

花序

枫杨 *Pterocarya stenoptera* C. DC.　胡桃科 Juglandaceae

植株

树形和习性：落叶乔木。

树皮：幼树树皮平滑，浅灰色，老树树皮深纵裂。

枝条：小枝灰色至暗褐色，具灰黄色皮孔；芽具柄，密被锈褐色盾状着生的腺体。

叶：多为偶数或稀奇数羽状复叶，长8~16 cm，叶轴具翅，与叶柄一样被有疏或密的短毛；羽片10~16 枚，无柄，对生或稀近对生，长椭圆形至长椭圆状披针形，长8~12 cm，宽2~3 cm，顶端常钝圆或稀急尖，基部歪斜，边缘有向内弯的细锯齿，正面被有细小的浅色疣状凸起，沿中脉及侧脉被有极短的星芒状毛，背面幼时被有散生的短柔毛，成长后脱落而仅留有极稀疏的腺体及侧脉腋内留有1丛星芒状毛。

花与花序：雄性柔荑花序长6~10 cm。雌性柔荑花序顶生，长10~15 cm。

果：果序长20~45 cm；果序轴常被有宿存的毛。果实长椭圆形，长6~7 mm，基部常有宿存的星芒状毛；果翅狭，条形或阔条形，斜向上指。

花果期：花期4~5 月；果期8~9 月。

分布：产于中国陕西、河南、山东、安徽、江苏、浙江、江西、福建、台湾、广东、广西、湖南、湖北、四川、贵州、云南，华北和东北仅有栽培。

果

雄花序

树皮

果枝

鉴别要点

落叶乔木，偶数羽状复叶，叶轴显著有翅；果翅条形、阔条形或矩圆状条形，伸向果实斜上方，因而两翅之间构成一夹角。

相近树种鉴别要点检索

1. 叶为奇数羽状复叶。果翅宽阔，椭圆状卵形，伸向果实两侧 ············ 湖北枫杨 *P. hupehensis* Skan
1. 叶由于顶生小叶不发育多为偶数羽状复叶。果翅狭，条形、阔条形或矩圆状条形，伸向果实斜上方，因而两翅之间构成一夹角 ············ 枫杨 *P. stenoptera* C. DC.

湖北枫杨 *Pterocarya hupehensis* Skan　胡桃科 Juglandaceae

植株

叶片

果序

胡桃 *Juglans regia* L.　胡桃科 Juglandaceae

植株

树形和习性：落叶乔木，高达 25 m，胸径 80 cm；树冠广阔。

树皮：幼时灰绿色，老时则灰白色而纵向浅裂。

枝条：小枝无毛，被盾状着生的腺体。

叶：奇数羽状复叶，长25~30 cm，叶柄及叶轴幼时被有极短腺毛及腺体；羽片通常5~9 枚，椭圆状卵形至长椭圆形，顶端钝圆或急尖、短渐尖，基部歪斜、近于圆形，边缘全缘，正面深绿色，无毛，背面腋内具簇短柔毛，顶生叶片常具长3~6 cm 的羽柄。

花与花序：单性花，雄性柔荑花序下垂，长5~10 cm；雌性穗状花序通常具1~3(4) 雌花。

果：果序短，具1~3 果实；果实近于球状，直径4~6 cm，无毛；果核稍具皱曲，有两条纵棱，顶端具短尖头。

花果期：花期5 月；果期10 月。

分布：产于中国华北、西北、西南等地区，既可作庭院树，也可作行道树。所结之果是优良的干果。

叶

雌花序

果

雄花序

树皮

鉴别要点

落叶乔木；奇数羽状复叶，顶生羽片较大，具长柄，叶缘全缘，雄性柔荑花序下垂；果核稍具皱曲，有 2 条纵棱。

相近树种鉴别要点检索

1. 枝条实心，髓部不为薄片状分隔；奇数一回羽状复叶，边缘有锯齿，雄性柔荑花序 3 条 1 束 ……………… 美国山核桃 *Carya illinoensis* (Wangenh.) K. Koch

1. 枝条髓部为薄片状分隔。

　2. 叶通常具 5~9 枚羽片；椭圆状卵形或长椭圆形，顶端钝圆或急尖，全缘。果序具 1~3 个果实 ……… 胡桃 *J. regia* L.

　2. 叶具 9~25 枚羽片；羽片具明显的细密锯齿。

　　3. 羽片长成后常变成无毛；果序短，俯垂，通常具 4~5 个果实 ……………… 胡桃楸 *J. mandshurica* Maxim.

　　3. 羽片长成后背面密被短柔毛及星芒状毛；果序长而下垂，通常具 6~10 个果实 ………… 野核桃 *J. cathayensis* Dode

美国山核桃 *Carya illinoensis* (Wangenh.) K. Koch　胡桃科 Juglandaceae

植株

果及叶

树皮

胡桃楸 *Juglans mandshurica* Maxim.
胡桃科 Juglandaceae

叶

野核桃 *Juglans cathayensis* Dode
胡桃科 Juglandaceae

雄花序及叶

南海藤 (牛大力) *Millettia specisoa* (Champ.ex Benth) J. compton & Schrire

豆科 Leguminosae

树形和习性: 攀援灌木, 长 1~3 m。
树皮: 褐色。
枝条: 幼枝有棱角, 披褐色柔毛, 渐变无毛。
叶: 奇数羽状复叶, 互生, 托叶小, 为披针形, 小叶具短柄, 基部托叶呈针状, 宿存。
花: 花两性, 腋生, 短总状花序稠密, 花冠为粉红色, 基部白色, 外有紫色条纹, 花瓣基部白色, 前端紫色, 龙骨瓣基部浅白色, 花药黄色。
果: 荚果长 8~10 mm , 径约 5 mm。
种子: 种子 2 枚, 圆形。
花果期: 花期 8~9 月, 果期 10 月。
分布: 中国海南、福建、台湾、广西、广东、湖北、湖南, 贵州、江西有引种。

根

花

果

植株

黄皮 ***Clausenalansium* (Lour.) Skeels**　芸香科 Rutaceae

树形和习性：小乔木，树冠开张。
树皮：树皮灰色。
叶：奇数羽状复叶，小叶5~11，卵形或卵状椭圆形，长6~14 cm，基部近圆或宽楔形，叶缘波状或具浅圆锯齿，上面中脉常被细毛；小叶柄长4~8 mm。
花：顶生，多花；花瓣5，白色，稍芳香，长圆形，长约5 mm，被毛；雄蕊10，长者与花瓣等长，花丝下部稍宽，非曲膝状；子房密被长毛，子房柄短。
果：球形、椭圆形或宽卵形，长1.5~3 cm，径1~2 cm，淡黄至暗黄色，被毛，果肉乳白色，半透明。
种子：1~4 粒，子叶深绿色。
花果期：花期3~5 月；果期6~8 月。
分布：原产于中国南部，台湾、福建、广东、海南、四川等地均有栽培。

花

枝与果

植株

果

现代月季 *Rosa hybrida* Hort.　蔷薇科 Rosaceae

植株

树形和习性：直立灌木，高1~2 m。

枝条：小枝粗壮，圆柱形，近无毛，有扁平皮刺。

叶：小叶3~5片，稀有7片，连叶柄长5~11 cm，小叶片宽卵形至卵状长圆形，长2.5~6 cm，宽1~3 cm，先端长渐尖或渐尖，基部近圆形或宽楔形，边缘有锐锯齿，两面近无毛，正面暗绿色，常带光泽，背面颜色较浅，顶生小叶片有柄，侧生小叶片近无柄，总叶柄较长，有散生皮刺和腺毛；托叶大部贴生于叶柄，仅顶端分离部分成耳状，边缘常有腺毛。

花与花序：花几朵集生，稀有单生，直径4~5 cm；花梗长2.5~6 cm，近无毛或有腺毛，萼片卵形，先端尾状渐尖，有时呈叶状，边缘常有羽状裂片，稀有全缘，外面无毛，内面密被长柔毛；花瓣重瓣至半重瓣，红色、粉红色至白色，倒卵形，先端有凹缺，基部楔形；花柱离生，伸出萼筒口外，约与雄蕊等长。

果：果卵球形或梨形，长1~2 cm，红色，萼片脱落。

花果期：花期4~9月；果期6~11月。

分布：原产于中国，各地普遍有栽培。

花枝

花

叶

鉴别要点

直立灌木，小枝有扁平皮刺，一回羽状复叶，小叶 3~5 片，托叶大部贴生于叶柄。花几朵集生，花瓣重瓣至半重瓣；果卵球形或梨形。

相近树种鉴别要点检索

1. 直立灌木。
  2. 羽状复叶的小叶 9~15 片；果扁球形，直径 3~4 cm，绿红色，外面密生针刺；萼片宿存，直立 ………………………………………… 刺梨、缫丝花 *R. roxburghii* Tratt.
  2. 羽状复叶的小叶常 5~7 片，少有 9 片；果扁球形或卵形梨形，直径 2.5 cm 以下，砖红色，外面光滑；萼片宿存或脱落。
    3. 羽状复叶的小叶常 5 片，卵形梨形，直径 2 cm 以下，红色；萼片脱落 ……………………… 现代月季 *R. hybrida* Hort.
    3. 羽状复叶的小叶常 7 片；果扁球形或卵形梨形，直径 2~2.5 cm，砖红色，外面光滑；萼片宿存 ……………………………………………… 玫瑰 *R. rugosa* Thunb.

1. 藤本或藤状灌木
    4. 羽状复叶的小叶 5~9 片，花聚生为伞房花序；果外面光滑。
      5. 托叶离生，早落，小叶 3~5 片，椭圆状卵形或长圆披针形，长 2~5 cm，宽 8~18 mm，边缘有紧贴细锯齿。花柱分离 ……………………………………… 木香 *R. banksiae* Ait.
      5. 托叶贴生叶柄，小叶 5~9 片，倒卵形、长圆形或卵形，长 1.5~5 cm，宽 8~28 mm，边缘有尖锐单锯齿，稀混有重锯齿。花柱联合成柱状 ……………………… 多花蔷薇 *R. multiflora* Thunb.
    4. 羽状复叶的小叶 3 片，花单生于叶腋；果梨形、倒卵形，稀近球形，紫褐色，外面密被刺毛 ……………………………………………… 金樱子 *R. laevigata* Michx.

刺梨（缫丝花）*Rosa roxburghii* Tratt.　蔷薇科 Rosaceae

植株

枝叶

果

玫瑰 *Rosa rugosa* Thunb.　蔷薇科 Rosaceae

植株

叶

茎刺

花及叶

木香 *Rosa banksiae* Ait.　蔷薇科 Rosaceae

植株

枝叶

花序

多花蔷薇 ***Rosa multiflora*** **Thunb.** 蔷薇科 Rosaceae

植株

枝叶

叶片

花序

金樱子 ***Rosa laevigata*** **Michx.** 蔷薇科 Rosaceae

植株

花枝

花

栾树 *Koelreuteria paniculata* Laxm.　无患子科 Sapindaceae

植株

树形和习性： 落叶乔木，树冠圆球形。
树皮： 灰褐色至灰黑色，老时纵裂。
枝条： 小枝具疣点，与叶轴、叶柄均被皱曲的短柔毛或无毛。
叶： 一回、不完全二回或偶有二回羽状复叶。
花与花序： 两性花，聚伞圆锥花序长25~40 cm。花瓣4片，开花时向外反折，线状长圆形，黄色。
果： 蒴果圆锥形，具3棱，长4~6 cm，顶端渐尖；果瓣卵形，外面有网纹，内面平滑且略有光泽。种子近球形。
花果期： 花期6~8月；果期9~10月。
分布： 产于中国，东北自辽宁起经中部至西南部的云南等地均有种植。

果枝

果

鉴别要点

落叶乔木；一回、不完全二回羽状复叶。聚伞圆锥花序，花瓣4片，开花时向外反折。蒴果圆锥形，具三棱，顶端渐尖。

相近树种鉴别要点检索

1. 一回或不完全的二回羽状复叶，小叶边缘有稍粗大、不规则的钝锯齿，近基部的齿常疏离而呈深缺刻状；蒴果圆锥形，顶端渐尖 ······ 栾树 *K. paniculata* Laxm.
1. 二回羽状复叶；小叶边缘有小锯齿；蒴果椭圆形、阔卵形或近球形，顶端圆或钝。
  2. 小叶基部极偏斜，先端长渐尖至尾尖；花瓣5片 ······ 台湾栾树 *K. elegans* (Seem.) A. C. Smith subsp. *formosana* (Hayata) Meyer
  2. 小叶基部略偏斜，先端短尖至短渐尖；花瓣4片，很少5片。
    3. 小叶边缘有稍密、内弯的小锯齿 ······ 复羽叶栾树 *K. bipinnata* Franch.
    3. 小叶通常全缘，有时一侧近顶端边缘略有锯齿 ······ 全缘叶栾树 *K. bipinnata* Franch. var. *integrifoliola* (Merr.) T. Chen

---

台湾栾树 *Koelreuteria elegans* (Seem.) A. C. Smith subsp. *formosana* (Hayata) Meyer
无患子科 Sapindaceae

植株

花序

花

羽片

树皮

果

复羽叶栾树 *Koelreuteria bipinnata* Franch. 无患子科 Sapindaceae

植株

果

果

花序

叶

全缘叶栾树 *Koelreuteria bipinnata* Franch. var. integrifoliola (Merr.) T. Chen
无患子科 Sapindaceae

植株

植株

叶

果序

花序

树皮

果

盐肤木 ***Rhus chinensis* Mill.**　漆树科 Anacardiaceae

花序

叶

植株

叶

鉴别要点

落叶小乔木或灌木。叶互生，奇数羽状复叶有小叶 3~6 对，叶轴具宽的叶状翅，小叶自下而上逐渐增大。圆锥花序宽大，多分枝，雄花序长 30~40 cm。

树形和习性：落叶小乔木或灌木，高2~10 m。
枝条：棕褐色，被锈色柔毛，具圆形小皮孔。
叶：互生，奇数羽状复叶有小叶(2) 3~6 对，叶轴具宽的叶状翅，小叶自下而上逐渐增大，叶轴和叶柄密被锈色柔毛。
花与花序：圆锥花序宽大，多分枝，雄花序长30~40 cm，雌花序较短，密被锈色柔毛。
果：核果球形，略压扁，径4~5 mm，被具节柔毛和腺毛，成熟时红色。
花果期：花期8~9 月；果期10 月。
分布：中国除辽宁、吉林、黑龙江、内蒙古和新疆外，其余地区均有。

香椿 *Toona sinensis* (A. Juss.) Roem.　楝科 Meliaceae

树形和习性： 落叶乔木，高达 15~25 m；树冠圆球形。
树皮： 粗糙，深褐色，条块状脱落。
枝条： 分枝较疏，枝条斜展。
叶： 偶数羽状复叶（偶有奇数），长30~50 cm 或更长；小叶16~20 片，对生或互生，纸质，卵状披针形或卵状长椭圆形，长9~15 cm，宽2.5~4 cm，先端尾尖，基部一侧圆形，另一侧楔形，不对称，边全缘或有疏离的小锯齿。叶痕大，内有5 维管束痕。
花与花序： 两性花，圆锥花序；离瓣花，5 数，雄蕊10 枚，其中5 枚能育，5 枚退化。
果： 蒴果狭椭圆形，长2~3.5 cm，深褐色；种子上端有膜质的长翅，下端无翅。
花果期： 花期6~8 月；果期10~12 月。
分布： 产于华北、华东等地区。

植株

枝叶

叶

花序

鉴别要点

落叶乔木；偶数羽状复叶（偶有奇数），叶痕大，内有5维管束痕。叶子有较浓的香味。圆锥花序。蒴果狭椭圆形。

楝树 *Melia azedarach* L.　楝科 Meliaceae

树形和习性： 落叶乔木，高达14 m。
树皮： 灰褐色，纵裂。
枝条： 分枝广展，小枝有叶痕。
叶： 二至三回奇数羽状复叶互生，小叶对生，卵形、椭圆形至披针形，基部偏斜，边缘钝锯齿。
花： 圆锥花序；花萼5深裂；花瓣淡紫色，倒卵状匙形；雄蕊管紫色，有纵细脉，花柱细长，柱头头状，顶端具5齿，不伸出雄蕊管。
果： 核果球形至椭圆形，内果皮木质，4~5室，每室1粒种子，椭圆形。
花果期： 花期4~5月；果期10~12月。
分布： 广泛分布于热带、亚热带地区。中国湖南、江西、福建、广东、广西、贵州等地区常见。

鉴别要点

二至三回奇数羽状复叶互生，小叶对生，基部偏斜，边缘钝锯齿；核果球形至椭圆形，内果皮木质。

叶

花序

花

植株

果

相近树种鉴别要点检索

1. 小叶具钝齿；花序常与叶等长；果较小，长一般不超过2 cm ……………… 楝树 *M azedarach* L.
1. 小叶近全缘或具不明显的钝齿，花序长约为叶的一半；果较大，长约3 cm ……………… 川楝 *M.toosendan*

花椒 *Zanthoxylum bungeanum* Maxim.　芸香科 Rutaceae

植株

树形和习性：高3~7 m 的落叶小乔木。

枝条：茎干上的刺常早落，枝有直立短刺，刺基宽而扁，当年生枝被短柔毛。

叶：羽状复叶，小叶5~13片，对生，无柄，卵形、椭圆形，稀有披针形，长2~7 cm，宽1~3.5 cm，叶缘有细裂齿，散生肉眼可见的油点。叶轴常有甚狭窄的叶翼。

花与花序：花序顶生或生于侧枝之顶，花序轴及花梗密被短柔毛或无毛；花被片6~8片，黄绿色，形状及大小大致相同。

果：紫红色，单个分果瓣径4~5 mm，散生微凸起的油点，顶端有甚短的芒尖或无。

种子：长3.5~4.5 mm。

花果期：花期4~5月；果期8~10月。

分布：产地北起中国东北南部，南至五岭北坡，东南至江苏、浙江沿海地带，西南至西藏东南部。

果及叶

鉴别要点

落叶小乔木，枝有短刺，羽状复叶，叶轴常有甚狭窄的叶翼，叶片有油点，芳香。果紫红色，单个分果瓣径4~5 mm，散生微凸起的油点。

相近树种鉴别要点检索

1. 幼龄植株为直立的灌木，成龄植株攀缘于其他树上的木质藤本。老茎有翼状蜿蜒而上的木栓层，茎枝及叶轴均有弯钩锐刺 ………… 两面针 *Z. nitidum* (Roxb.) DC.
1. 落叶小乔木，枝有直立短刺，刺基宽而扁 ………… 花椒 *Z. bungeanum* Maxim.

两面针 *Zanthoxylum nitidum* (Roxb.) DC.　芸香科 Rutaceae

叶

植株

银桦 *Grevillea robusta* A.Cunn.　山龙眼科 Proteaceae

树形和习性: 常绿大乔木, 高可达40 m, 胸径达100 cm; 树干通直。
树皮: 暗灰色或暗褐色, 呈不规则浅纵裂。
枝条: 幼枝被锈色茸毛。
叶: 单叶互生, 二回羽状深裂, 裂片5~12 对, 正面秃净而亮或薄被丝毛, 背密被银灰色丝毛。
花: 总状花序; 花橙黄色。
果: 蓇葖果硬骨质, 种子倒卵形, 周边有翅。
花果期: 花期: 3~5 月; 果期6~8 月。
分布: 原产于澳洲。现广泛种植于热带、暖亚热带地区。中国南部、西南部地区也有栽培。

鉴别要点

幼枝被锈色茸毛；单为二回羽状深裂,背密被银灰色丝毛；总状花序；花橙黄色。

枝叶

花序

树形

花

树皮

凌霄 ***Campsis grandiflora*** **(Thunb.) Schum.**　紫葳科 Bignoniaceae

花序

树形和习性：落叶攀缘藤本；茎木质，表皮脱落，枯褐色，以气生根攀附于其他植物之上。

叶：叶对生，为奇数一回羽状复叶；小叶7~9片，卵形至卵状披针形，顶端尾状渐尖，基部阔楔形，两侧不等大，长3~6(9) cm，宽1.5~3 (5) cm，侧脉6~7对，两面无毛，边缘有粗锯齿。

花与花序：顶生疏散的短圆锥花序，花序轴长15~20 cm。花萼钟状，长3 cm，分裂至中部。花冠内面鲜红色，外面橙黄色，长约5 cm，裂片半圆形。雄蕊着生于花冠筒近基部，花丝线形，细长2~2.5 cm，花药黄色，“个”字形着生。花柱线形，长约3 cm，柱头扁平，2裂。

果实：蒴果顶端钝。

花果期：花期5~8月；果期10月。

分布：产于中国河北、山东、河南、福建、广东、广西、陕西，台湾也有栽培。

植株

花序

鉴别要点

落叶攀缘藤本；叶对生，奇数一回羽状复叶；小叶7~9片两侧不等大，两面无毛；顶生疏散的短圆锥花序。花萼钟状，分裂至中部。花冠内面鲜红色，外面橙黄色。蒴果顶端钝。花期5~8月。

相近树种鉴别要点检索

1. 小叶7~9枚，叶背面无毛；花萼5裂至1/2处，裂片大，披针形 ························ 凌霄 *C. grandiflora* (Thunb.) Schum.
1. 小叶9~11枚，叶背面被毛，沿中脉及侧脉及叶轴被短柔毛；花萼5裂至1/3处，裂片短，卵状三角形 ························ 厚萼凌霄 *C. radicans* (L.) Seem.

厚萼凌霄（美国凌霄）***Campsis radicans*** **(L.) Seem.**　紫葳科 Bignoniaceae

花序

叶

果枝

复叶→羽状复叶 小叶锯齿

南天竹 *Nandina domestica* Thunb.　小檗科 Berberidaceae

植株

花序

叶

植株

果序

鉴别要点

常绿灌木。叶互生，三回羽状复叶，小叶全缘。浆果球形，直径 5~8 mm，熟时鲜红色，稀有橙红色。

树形和习性: 常绿灌木, 高1~3 m。
枝条: 光滑无毛, 幼枝常为红色。
叶: 互生, 集生于茎的上部, 三回羽状复叶, 长30~50 cm; 二至三回羽片对生; 小叶薄革质, 椭圆形或椭圆状披针形, 全缘。
花与花序: 圆锥花序直立, 长20~35 cm; 花小, 白色, 具芳香。
果: 浆果球形, 直径5~8 mm, 熟时鲜红色, 稀有橙红色。
种子: 扁圆形。
花果期: 花期3~6 月; 果期5~11 月。
分布: 产于中国福建、浙江、山东、江苏、江西、安徽、湖南、湖北、广西、广东、四川、云南、贵州、陕西、河南等地。

合欢 *Albizia julibrissin* Durazz.　含羞草科 Mimosaceae

植株

树形和习性： 落叶乔木，高可达16 m，树冠开展。
树皮： 光滑。
枝条： 小枝有棱角，嫩枝、花序和叶轴被绒毛或短柔毛。
叶： 二回羽状复叶，总叶柄近基部及最顶一对羽片着生处各有一腺体；羽片4~12 对，栽培的可达20 对；小叶10~30 对，线形至长圆形，长6~12 mm，宽1~4 mm，向上偏斜，先端有小尖头，有缘毛，有时在背面或仅中脉上有短柔毛；中脉紧靠上边缘。
花与花序： 头状花序于枝顶排成圆锥花序；花粉红色。花萼管状，长3 mm；花冠长8 mm，裂片三角形，花萼、花冠外均被短柔毛；花丝，长2.5 cm。
球果： 荚果带状，长9~15 cm，宽1.5~2.5 cm，嫩荚有柔毛，老荚无毛。
花果期： 花期6~7 月；果期8~10 月。
分布： 中国东北至华南及西南部各省区均有分布。

花序

果

鉴别要点

落叶乔木。二回羽状复叶，总叶柄近基部及最顶一对羽片着生处各有一腺体，小羽片中脉紧靠上边缘。头状花序组成圆锥花序，花丝长而突出，荚果带状。

相近树种鉴别要点检索

1. 小叶比较大，长 1.8~4.5 cm，宽 0.7~2 cm，长椭圆形或略斜的长椭圆形，顶端圆钝或微凹。花丝白色或淡黄色 ………… 阔荚合欢 *A. lebbeck* (L.) Benth.
1. 小叶比较小，长 1.8 cm 以下，宽 1 cm 以下，线形至长圆形，先端有小尖头。花丝粉红色 ………… 合欢 *A. julibrissin* Durazz.

阔荚合欢 *Albizia lebbeck* (L.) Benth.　含羞草科 Mimosaceae

植株

叶

果枝

花序

果

银合欢 *Leucaena leucocephala* (Lam.) De Wit　含羞草科 Mimosaceae

树形和习性：小乔木或呈灌木状，高2~6 m。
树皮：灰褐色，不裂。
枝条：幼枝被柔毛，后脱落。老枝无毛，具褐色皮孔。
叶：二回偶数羽状复叶，互生，小叶对生，小叶条状长圆形，中脉偏于上缘，叶柄有腺体。
花：花两性，头状花序腋生，白色；花萼管钟状，花瓣分离，雄蕊10枚，突出，子房具柄。
果实：荚果带状，劲直、扁平，种子10~25粒，卵形，褐色，光亮。
花果期：花期4~7月；果期10~11月。
分布：原产于美洲热带地区，现广泛分布于热带地区。中国华南至西南各地多有栽培。

鉴别要点

二回偶数羽状复叶，小叶对生，中脉偏于上缘，叶柄有腺体；花两性，头状花序腋生，白色；雄蕊10枚，突出，子房具柄。

荚果

枝叶

花序

植株

凤凰木 *Delonix regia* (Boj ex Hook.) Raf.　苏木科 Caesalpiniaceae

凤凰木（红花楹）、蓝花楹、南洋楹，这三种植物在华南、西南地区广泛种植，在系统进化方面差异很大，属于不同的科，花的形态与结构也大不相同。但是，由于均为乔木，同时具有大型二至三回羽状复叶，其小羽片均较小，外形相似，故在植物鉴别时常混淆。

果

花序

叶

树形和习性：落叶乔木，具板根，树冠扁圆形。
树皮：粗糙，灰褐色。
枝条：小枝常被短柔毛并有明显的皮孔。
叶：二回偶数羽状复叶，长20~60 cm，具托叶；羽片对生，15~20对，长达5~10 cm；小羽片25对，密集对生，长圆形，长4~8 mm，宽3~4 mm，两面被绢毛，先端钝，基部偏斜，边全缘；中脉明显，位于小羽片中部。
花与花序：伞房状总状花序顶生或腋生；两性花，花大而美丽，直径7~10 cm，花瓣鲜红至橙红色。
果：荚果带形，扁平，长30~60 cm，宽3.5~5 cm。
花果期：花期6~7月；果期8~10月。
分布：原产于马达加斯加，热带地区常有栽种。中国云南、广西、广东、福建、海南、台湾等地均有栽培。

鉴别要点

落叶乔木，具板根，树冠扁圆形。二回偶数羽状复叶，边全缘；中脉明显，位于小羽片中部。花大，鲜红至橙红色，荚果大，扁平带形。

相近树种鉴别要点检索

1. 树冠伞形或扁圆形；小羽片长圆形，先端钝。荚果。
   2. 树形挺拔，树冠分层或托片状，颜色深绿；小羽片中脉偏上侧。花小，白色……………南洋楹 *Falcataria moluccana* (Miq.) Barneby et Grimes
   2. 树形柔美，树冠伞形或扁圆，颜色黄绿；小羽片中脉居中。花大，鲜红至橙红色……………凤凰木 *Delonix regia* (Boj ex Hook.) Raf.
1. 树冠长圆形；小羽片椭圆状披针形至椭圆状菱形，先端急尖。花蓝紫色，花冠合生。蒴果……………蓝花楹 *Jacaranda mimosifolia* D. Don

蓝花楹 *Jacaranda mimosifolia* D. Don 紫葳科 Bignoniaceae

植株

果

枝与果

南洋楹 *Falcataria moluccana* (Miq.) Barneby et Grimes 含羞草科 Mimosaceae

植株

植株

枝条

叶

花序

树皮

黄槐决明 *Cassia surattensis* Burm.　苏木科 Caesalpiniaceae

植株

树形和习性: 常绿灌木或小乔木。
树皮: 颇光滑, 灰褐色。
枝条: 分枝多, 小枝有肋条; 嫩枝、叶轴、叶柄被微柔毛。
叶: 一回羽状复叶, 叶长10~15 cm; 叶轴及叶柄呈扁四方形, 在叶轴正面最下2~3 对小叶之间和叶柄上部有棍棒状腺体2~3 枚; 小叶7~9 对, 长椭圆形或卵形, 全缘。
花: 总状花序生叶腋。花瓣鲜黄至深黄色, 卵形至倒卵形, 长1.5~2 cm; 雄蕊10 枚, 全部能育。
果: 荚果扁平, 带状, 开裂, 长7~10 cm, 宽8~12 mm, 顶端具细长的喙; 果颈长约5 mm; 果柄明显。
种子: 种子10~12 粒, 有光泽。
花果期: 儿乎全年。
分布: 栽培于中国广西、广东、福建、台湾等地。

花序、果

果

鉴别要点

常绿灌木或小乔木,一回羽状复叶,叶轴具棍棒状腺体2~3枚。总状花序,花瓣鲜黄至深黄色,雄蕊10枚,全部能育。荚果扁平。

相近树种鉴别要点检索

1. 草本或亚灌木。叶仅有小叶 3 对，具腺体 3 枚；腺体位于小叶间的叶轴上；荚果近四棱柱形，长达 15 cm……决明 *C. tora* L.
1. 乔木或灌木。
  2. 灌木。
    3. 小叶较大，6~12 对，倒卵状长圆形或长圆形，长 8~15 cm；叶轴和叶柄上有两条纵棱，具狭翅；荚果具翅……翅荚决明 *C. alata* L.
    3. 小叶较小，3~4 对，长 2~3 cm，叶柄和叶轴上无翅，荚果圆柱状，无翅。
      4. 小叶椭圆形，先端钝或圆，叶缘具金属色彩……双荚决明 *C. bicapsularis* L.
      4. 小叶披针形，先端急尖或钝，叶缘无金属色彩……伞房决明 *C. corymbosa* (Lam.) H. S. Irwin et Barneby
  2. 乔木。
      4. 小叶长 8~15 cm，宽 5 cm 叶两面几乎同色，4~8 对，阔卵形、卵形或长圆形；荚果圆柱形，长 30~60 cm……腊肠树 *C.* fistula L.
      4. 小叶长 2.5~8 cm，宽 1.5~2.5 cm，背面多呈粉白色。荚果扁平。
        5. 小乔木。在最下 2~3 对小叶间和叶柄上有棍棒状腺体 2~3 枚；小叶 7~9 对，长椭圆形或卵形，长 2~5 cm。……黄槐决明 *C. surattensis* Burm.
        5. 乔木。叶柄无腺体。小叶对生，6~10 对，革质，长圆形或长圆状椭圆形，长 3~6.5 cm……铁刀木 *C. siamea* Lam.

翅荚决明 *Cassia alata* L.　苏木科 Caesalpiniaceae

植株

果

叶

花序

双荚决明 *Cassia bicapsularis* L.　苏木科 Caesalpiniaceae

植株

花序

果

伞房决明 *Cassia corymbosa* (Lam.) H. S. Irwin et Barneby　苏木科 Caesalpiniaceae

植株

枝叶

花序

植株

花

果

腊肠树 ***Cassia fistula*** **L.**　苏木科 Caesalpiniaceae

植株

叶

花序

枝叶

花枝

果

铁刀木 ***Cassia siamea*** **Lam.**　苏木科 Caesalpiniaceae

植株

枝叶

叶

花序

决明 ***Cassia tora*** **L.**　苏木科 Caesalpiniaceae

枝条

植株

叶

酸豆 *Tamarindus indica* L.　苏木科 Caesalpiniaceae

植株

树形和习性：乔木，高10~15(25)m，胸径30~50(90)cm。

树皮：树暗灰色，不规则纵裂。

枝条：新枝绿色，成熟枝条褐色。

叶：偶数一回羽状复叶，小叶小，长圆形，长1.3~2.8 cm，宽5~9 mm，先端圆钝或微凹，基部圆而偏斜，主脉居中。

花与花序：花黄色或杂以紫红色条纹；萼管长约7 mm，檐部裂片披针状长圆形，长约1.2 cm，花后反折；花瓣倒卵形，与萼裂片近等长，边缘波状，皱折。

果：荚果圆柱状长圆形，肿胀，棕褐色，长5~14 cm，直或弯拱，常不规则地缢缩。

种子：3~14 粒，褐色，有光泽。

花果期：花期5~8 月；果期12 月至翌年5 月。

分布：原产于非洲，现各热带地区均有栽培。中国台湾、福建、广东、广西、海南、云南常见。

树皮

枝条

果

果

叶

叶

花

鉴别要点

乔木，树皮暗灰色，不规则纵裂，偶数一回羽状复叶；荚果圆柱状长圆形，肿胀，棕褐色。

中国无忧花 *Saraca dives* Pierre　苏木科 Caesalpiniaceae

植株

树形和习性: 常绿乔木。
树皮: 光滑。
叶: 偶数羽状复叶, 嫩叶略带紫红色, 下垂; 小叶5~6对, 长椭圆形、卵状披针形或长倒卵形, 长15~35 cm, 宽5~12 cm, 先端急尖或钝, 基部楔形, 侧脉8~11对。
花与花序: 圆锥花序腋生, 较大; 总苞大, 阔卵形; 苞片卵形、披针形或长圆形, 长1.5~5 cm, 宽6~20 mm。花黄色, 花瓣退化; 萼管长1.5~3 cm, 裂片长圆形, 4片, 有时5~6片; 雄蕊8~10枚, 其中1~2枚常退化呈钻状, 花丝突出。
果: 荚果棕褐色, 扁平, 长22~30 cm, 宽5~7 cm; 果瓣卷曲。
种子: 5~9颗, 形状不一, 扁平, 两面中央有一浅凹槽。
花果期: 花期4~5月; 果期7~10月。
分布: 中国云南东南部至华南地有种植。

花

叶

花序

果

鉴别要点

常绿乔木；偶数羽状复叶,嫩叶略带紫红色,下垂,小叶5~6对,长椭圆形、卵状披针形或长倒卵形,长15~35 cm,宽5~12 cm。花瓣缺,花萼管状,雄蕊8~10枚。

相近树种鉴别要点检索

1. 叶狭长椭圆形，叶柄极短，通常在0.5 cm以下，小叶长8~10 cm，宽3~4 cm；花橙红色，雄蕊4枚 ……………… 印度无忧树 *S. indica* L.
1. 叶长椭圆形、阔披针形或卵状披针形，叶柄长2~4 cm，小叶长15~35 cm，宽6~10 cm；花黄色，雄蕊4~10枚。
   2. 小叶片顶端圆钝到短尖；雄蕊8~10枚，花期3~4月 ……………… 中国无忧花 *S. dives* Pierre
   2. 小叶片顶端渐尖或短渐尖；雄蕊4枚，花期5~6月 ……………… 垂枝无忧花 *S. declinata* Miq.

垂枝无忧花 *Saraca declinata* Miq.　苏木科 Caesalpiniaceae

植株

花序

叶

花

印度无忧树 *Saraca indica* L.　苏木科 Caesalpiniaceae

植株

幼叶

花序

叶

海南红豆 *Ormosia pinnata* (Lour.) Merr.　蝶形花科 Papilionaceae

树形和习性： 常绿乔木或灌木，高3~18 m。
树皮： 灰色或灰黑色。
枝条： 幼枝被淡褐色短柔毛，渐变无毛。
叶： 奇数羽状复叶，长16~22.5 cm；小叶3~4 对，薄革质，披针形，长12~15 cm，宽4~5 cm，先端钝或渐尖，两面均无毛。
花与花序： 圆锥花序顶生，长20~30 cm；花长1.5~2 cm；花萼钟状；花冠粉红色而带黄白色。
果： 荚果长3~7 cm，宽约2 cm，有种子1~4 粒；果瓣内壁具横隔，如具单粒种子时，其基部有明显的果颈，呈镰状。
种子： 椭圆形，长15~20 mm，种皮红色，种脐长不足1 mm。
花果期： 花期7~8 月；果期9~10 月。
分布： 产于中国广东（西南部）、海南、广西（南部）。越南、泰国也有分布。

植株

花序

枝条

果

枝条

鉴别要点

常绿乔木或灌木，树皮灰色或灰黑色。奇数羽状复叶，薄革质，披针形。荚果短而肿胀，种子红色。

黄檀 *Dalbergia hupeana* Hance　蝶形花科 Papilionaceae

植株

树形和习性: 常绿乔木。

树皮: 暗灰色, 呈薄片状剥落。

枝条: 幼枝淡绿色, 无毛。

叶: 奇数羽状复叶, 长15~25 cm; 小叶3~5 对, 近革质, 椭圆形至长圆状椭圆形, 长3.5~6 cm, 宽2.5~4 cm, 先端钝或稍凹入, 基部圆形或阔楔形, 两面无毛, 细脉隆起, 正面有光泽。

花与花序: 圆锥花序顶生, 花密集; 花萼钟状, 萼齿5, 上方2 枚阔圆形, 近合生, 花冠白色或淡紫色, 长倍于花萼; 雄蕊10 枚, 成5+5 的二体。

果: 荚果长圆形或阔舌状, 长4~7 cm, 宽13~15 mm, 顶端急尖, 基部渐狭成果颈。

种子: 肾形, 每荚1~2 (~3) 粒种子。

花果期: 花期5~7 月; 果期8~10 月。

分布: 产于中国山东、江苏、安徽、浙江、江西、福建、湖北、湖南、广东、广西、四川、贵州、云南等地。

枝叶

果

树皮

鉴别要点

常绿乔木。奇数羽状复叶,小叶 3~5 对,椭圆形至长圆状椭圆形,先端钝或稍凹入。圆锥花序顶生,雄蕊 10 枚,成 5+5 的二体。荚果长圆形或阔舌状。

相近树种鉴别要点检索

1. 小叶卵形或椭圆形，先端渐尖或急尖；雄蕊 9 枚，单体雄蕊 ························ 降香黄檀（花梨母）*D. odorifera* T. Chen
1. 小叶长圆形，顶端常圆形或截形或微凹，雄蕊 10 枚，5+5 的二体雄蕊。
   2. 小叶 3~5 对，较阔，宽 2.5~4 cm；花萼上部 2 枚裂齿阔而圆，侧面 2 枚卵形；旗瓣基部无附属体。荚果较狭，宽 1.3~1.5 cm························ 黄檀 *D. hupeana* Hance
   2. 小叶 6~7 对，较狭，宽约 2 cm；花萼上部与侧面裂齿均为三角形；旗瓣基部有 2 枚小附属体。荚果较阔，宽 2~2.5 cm························ 南岭黄檀 *D. balansae* Prain (D. assamica Benth.)

南岭黄檀 ***Dalbergia balansae*** **Prain**　蝶形花科 Papilionaceae

植株

叶

枝叶

降香檀（花梨母）***Dalbergia odorifera*** **T. Chen**　蝶形花科 Papilionaceae

植株

叶

花序

果

紫藤 *Wisteria sinensis* (Sims) Sweet　蝶形花科 Papilionaceae

植株

树形和习性：落叶藤本，茎左旋。
树皮：光滑，浅褐色。
枝条：嫩枝被白色柔毛，后秃净。
叶：奇数羽状复叶，长15~25 cm；小叶3~6 对，卵状椭圆形至卵状披针形，上部小叶较大，基部1 对最小，嫩叶两面被平伏毛，后秃净。
花与花序：总状花序发自上年短枝的腋芽或顶芽，长15~30 cm，径8~10 cm，花序轴被白色柔毛；花长2~2.5 cm，芳香；花冠紫色，旗瓣圆形，先端略凹陷，花开后反折，子房线形，密被绒毛。
果：荚果倒披针形，长10~15 cm，宽1.5~2 cm，密被绒毛，悬垂枝上不脱落。
花果期：花期4 月中旬至5 月上旬；果期5~8 月。
分布：产于河北以南黄河长江流域及陕西、河南、广西、广东、贵州、云南等地。

花序

果

植株

鉴别要点

落叶藤本，茎左旋。奇数羽状复叶。总状花序发自上年短枝的腋芽或顶芽，长 15~30 cm，径 8~10 cm，花序轴被白色柔毛；花长 2~2.5 cm，芳香，花冠紫色。

相近树种鉴别要点检索

1. 茎右旋。小叶 6~9 对，披针形；花序长 30~90 cm，花自下而上顺序开放，小花长 1.5~2 cm，淡紫色至蓝紫色 ………… 多花紫藤 *W. floribunda* (Willd.) DC.
1. 茎左旋。小叶 3~6 对，卵状椭圆形至卵状披针形。花序长 10~35 cm。
　2. 老叶秃净或稀被毛；花紫色 ………… 紫藤 *W. sinensis* (Sims) Sweet
　2. 老叶两面均有毛，背面尤其明显；花白色 ………… 白花藤萝 *W. venusta* Rehd. et Wils.

多花紫藤 ***Wisteria floribunda*** **(Willd.) DC.** 蝶形花科 Papilionaceae

植株

主茎

枝叶

花序

白花藤萝 ***Wisteria venusta*** **Rehd. et Wils.** 蝶形花科 Papilionaceae

植株

植株

枝叶

植株

花序

辣木 *Moringa* oleifera Lam.　辣木科 Moringaceae

树形和习性： 乔木，高3~12 m。
树皮： 软木质。
枝条： 枝有明显的皮孔及叶痕，小枝有短柔毛。
叶： 为3 回羽状复叶，长25~60 cm。
花： 花序广展，长10~30 cm。
果： 蒴果细长，长20~50 cm。
种子： 近球形，径约8 mm，有3 棱，每棱有膜质的翅。
花果期： 花期全年，果期6~12 月。
分布： 中国广东、台湾等地有栽培。原产于印度，现广泛种植于各热带地区。

枝叶

植株

树皮

树苗

植株

果

果

花

紫檀 *Pterocarpus indicus* Willd.　蝶形花科 Papilionaceae

树形和习性: 半常绿乔木, 高30 m, 胸径1.5 m, 具板根, 干直立, 树冠圆伞形。
树皮: 浅褐色, 粗糙。
枝条: 小枝被灰色柔毛。
叶: 一回奇数羽状复叶, 互生, 小叶7~9 对, 长圆形或长圆状倒卵形, 先端短渐尖, 基部圆。
花: 花两性, 圆锥花序, 被黄色柔毛; 花冠黄色, 花瓣边缘皱折, 雄蕊单体, 子房具短柄。
果: 荚果圆形, 基部偏斜, 扁平, 径4~6 cm, 深褐色, 密被黄色柔毛, 有翅, 种子1~2 粒。
花果期: 花期4~5 月; 果期8~9 月。
分布: 产于中国海南和云南（南部）。中国华南地区多有栽培。东南亚国家也有分布。

圆锥花序

小叶

幼叶

树干

叶

荚果

鉴别要点

一回奇数羽状复叶；花两性，花冠黄色，花瓣边缘皱折，雄蕊单体，子房具短柄。

荔枝 *Litchi chinensis* Sonn.　无患子科 Sapindaceae

植株

树形和习性：常绿乔木。
树皮：灰黑色
枝条：小枝圆柱状，褐红色，密生白色皮孔。
叶：羽状复叶，小叶2~3对，较少4对，披针形或卵状披针形，长6~15 cm，宽2~4 cm，顶端骤尖或尾状短渐尖，全缘，腹面深绿色，有光泽，背面粉绿色；侧脉常纤细，在腹面不很明显，在背面明显。
花与花序：花序顶生，多分枝。
果：果皮有鳞斑状突起，鲜红，紫红。果肉鲜时半透明凝脂状。
种子：种子全部被肉质假种皮包裹。
花果期：花期春季；果期夏季。
分布：产于中国西南部、南部和东南部，尤以广东和福建栽培最盛。

叶

花序

花序

果

鉴别要点

常绿乔木；树皮灰黑色。羽状复叶，背面粉绿色，侧脉常纤细，在腹面不很明显。圆锥花序顶生。果卵圆形至近球形；果皮有突起，成熟时通常鲜红或紫红色。

相近树种鉴别要点检索

1. 小叶 2~3 对；侧脉常纤细，在腹面不很明显，在背面明显。果皮有鳞斑状突起，鲜红，紫红 ………………………………………… 荔枝 *Litchi chinensis* Sonn.
1. 小叶 4~5 对；侧脉较粗而明显。果皮通常黄褐色或有时灰黄色，外面稍粗糙 ………………………………………… 龙眼 *Dimocarpus longan* Lour.

龙眼 *Dimocarpus longan* Lour.　无患子科 Sapindaceae

植株

叶

花序

果枝

树皮

果

黄连木 *Pistacia chinensis* Bunge　漆树科 Anacardiaceae

植株

花序

树形和习性：落叶乔木，高达20 m 以上。
树皮：树干扭曲. 树皮暗褐色，呈鳞片状剥落，
枝条：幼枝灰棕色，具细小皮孔，疏被微柔毛或近无毛。
叶：一回奇数羽状复叶互生，有小叶5~6 对，叶轴具条纹；小叶对生或近对生，披针形或卵状披针形或线状披针形，长5~10 cm，宽1.5~2.5 cm，先端渐尖或长渐尖，基部偏斜，全缘。幼叶具芳香气味。
花与花序：先花后叶，圆锥花序腋生，花单性异株，雄花序排列紧密，长6~7 cm，雌花序排列疏松，长15~20 cm，均被微柔毛；苞片披针形或狭披针形，内凹。
果：核果倒卵状球形，略压扁，径约5 mm，成熟时紫红色。
种子：细小，平均每千克约11 000 粒。
花果期：花期3~4 月；果期7~9 月。
分布：产于中国长江以南及华北、西北部等地。

枝叶

叶

果枝

鉴别要点

落叶乔木，一回奇数羽状复叶，羽片对生，披针形或卵状披针形，先端渐尖或长渐尖，幼叶芳香。先花后叶，圆锥花序腋生，花单性异株。

相近树种鉴别要点检索

1\. 羽片纸质，披针形或卵状披针形，先端渐尖或长渐尖；先花后叶，雄花无不育雌蕊 ………………………………………… 黄连木 *Pistacia chinensis* Bunge

1\. 羽片革质，长圆形或倒卵状长圆形，先端微凹，具芒刺伏硬尖头；花序与叶同出，雄花有不育雌蕊存在 ………………………………………… 清香木 *Pistacia weinmannifolia* J. Poisson ex Franch.

清香木 *Pistacia weinmannifolia* J. Poisson ex Franch.　漆树科 Anacardiaceae

植株

幼叶

花枝

枝叶

花枝

橄榄 *Canarium album* (Lour.) Raeusch.　橄榄科 Burseraceae

树形和习性: 常绿乔木, 高10~25 m。树冠宽卵形。有胶黏性芳香的树脂。
树皮: 淡灰色, 平滑, 有皮孔。
枝条: 大枝分支略与树干垂直, 幼枝被极短的柔毛。
叶: 奇数羽状复叶互生, 长15~30 cm; 小叶11~15 对, 长圆状披针形, 先端渐尖, 基部偏斜, 全缘, 网脉两面均明显, 背面网脉略粗糙, 小叶柄两端略肿大, 被短柔毛。
花: 雄花序圆锥状顶生或腋生, 雌花序总状; 萼杯状; 花瓣白色; 雄蕊6 枚; 子房上位。
果实: 核果卵形, 长约3 cm, 初时黄绿色, 后变黄白色, 两端锐尖。
花果期: 花期4~5 月; 果期10~12 月。
分布: 分布于中国福建、广东、广西、云南等地, 野生生长于海拔1300 m 以下的沟谷或山地, 在南方是著名的果树、防风树和行道树。

相近树种鉴别要点检索

1. 小叶背面于网脉上常有小窝点，花序短于叶；果实成熟时黄绿色 ………… 橄榄 *C. album* (Lour.) Raeusch
1. 小叶叶背平滑，网脉上无小窝点，花序长于叶；果实成熟时紫黑色 ………… 乌榄 *C.pimela*

叶

果枝

树皮

果

复叶

鉴别要点

大枝分支略与树干垂直，幼枝被极短的柔毛；奇数羽状复，小叶基部偏斜，网脉两面均明显；小叶柄两端略肿大，被短柔毛。核果后变黄白色，两端锐尖。

阳桃 *Averrhoa carambola* L.　酢浆草科 Oxalidaceae

树形和习性: 常绿乔木, 高可达12 m, 分枝多。
树皮: 暗灰色。
枝条: 大枝平展, 小枝条较纤细, 部分略下垂。
叶: 奇数羽状复叶, 互生, 小叶5~13 片, 卵形或椭圆形, 顶端渐尖, 基部偏斜。
花: 数朵至多朵组成聚伞花序或圆锥花序, 生于叶腋或枝干, 花瓣淡红色至白色, 向背弯卷。
果实: 浆果肉质, 下垂, 明显5 棱, 偶有6 或3 棱。
花果期: 花期5~7 月; 果期8~10 月。
分布: 原产于马来西亚、印度尼西亚。中国广东、广西、福建、台湾、云南等地均有栽培。

鉴别要点

奇数羽状复叶,基部偏斜；浆果肉质下垂,明显五棱。

树形

花枝

花序

浆果

枝叶

树皮

米仔兰 *Aglaia odorata* Lour.　楝科 Meliaceae

植株

枝叶

花序

树形和习性： 灌木或小乔木。
枝条： 幼枝顶部被星状锈色的鳞片。
叶： 一回羽状复叶，长5~12（~16）cm，叶轴和叶柄具狭翅，有小叶3~5片；小叶对生，长2~7 cm，宽1~3.5 cm，顶端一片最大，下部的远较顶端的为小，先端钝。
花： 圆锥花序腋生，长5~10 cm；花芳香，直径约2 mm，花瓣5片，黄色，长圆形或近圆形。
果： 果为浆果，卵形或近球形，长10~12 mm，初时被散生的星状鳞片，后脱落。
种子： 有肉质假种皮。
花果期： 花期5~12月；果期7月至翌年3月。
分布： 中国广东、广西、福建、四川、贵州和云南等地常有栽培。

鉴别要点

常绿灌木或小乔木，幼枝顶部被星状锈色的鳞片。一回羽状复叶，叶轴和叶柄具狭翅，有小叶3~5片；小叶对生。圆锥花序腋生，花芳香，黄色。果为浆果，卵形或近球形。

果枝

相近树种鉴别要点检索

1. 叶片具透明油点，揉碎有香味 ········ 九里香 *Murraya exotica* L.
1. 叶片无透明油点，揉碎无香味。
    2. 羽片较大，倒披针形，先端渐尖 ········ 米仔兰 *Aglaia odorata* Lour.
    2. 羽片小，倒卵形，先端圆钝 ········ 四季米兰 *Aglaia duperreana* Pierre

四季米兰 ***Aglaia duperreana*** **Pierre** 楝科 Meliaceae

植株

叶

花序

九里香 ***Murraya exotica*** **L.** 芸香科 Rutaceae

植株

叶

花

果

幌伞枫 *Heteropanax fragrans* (Roxb.) Seem.　五加科 Araliaceae

幌伞枫与海南菜豆树，这两种植物属于不同的科，前者属五加科，后者属紫葳科，本来差异很大，但是近年二者均用于茎段式盆栽，叶形、株形变得相似，易混淆。

树形和习性： 常绿乔木，树干常不分枝，高达 30 m，胸径 70 cm；树冠伞形。
树皮： 淡灰棕色，幼树皮光滑，老树皮木栓质，粗糙，网状。
枝条： 极少分枝。
叶： 叶大，三至五回羽状复叶，直径达50~100 cm；叶柄长15~30 cm，小叶片在羽片轴上对生；基部一对羽片小近直立。
花与花序： 伞房花序头状聚集成圆锥花序。
果： 果球形，成熟黑色。
花果期： 花期10~12 月；果期翌年2~3 月。
分布： 产于中国云南、广西、广东和海南等地。

植株

树皮

叶

花序

果序

鉴别要点

常绿乔木，树干常不分枝（盆栽常人工打顶成 3~4 枝），树冠伞形。叶大型，三至五回羽状复叶，小叶片在羽片轴上对生，基部一对羽片小近直立。大型圆锥花序和果序。

海南菜豆树 *Radermachera hainanensis* Merr.　紫葳科 Bignoniaceae

海南菜豆树与幌伞枫的区别要点:
自然侧枝多, 树皮光滑; 叶1~3 回羽状, 基部一对羽片平展; 为总状花序或少分枝的圆锥花序, 花序小型。

植株

枝叶

花

枝叶

木棉 *Bombax ceiba* L.　木棉科 Bombacaceae

植株

树形和习性：落叶大乔木，高可达25 m。
树皮：灰白色，幼树的树干通常有圆锥状的粗刺。
枝条：轮生、平展。
叶：掌状复叶，羽片5~7片，长圆形至长圆状披针形，长10~16 cm，宽3.5~5.5 cm，顶端渐尖，基部阔或渐狭，全缘，羽状侧脉15~17对，上举；叶柄长10~20 cm；小叶柄长1.5~4 cm。
花与花序：花单生枝顶叶腋，通常红色，有时橙红色，直径约10 cm；花萼杯状，长2~3 cm；花瓣肉质，倒卵状长圆形，长8~10 cm，宽3~4；外轮雄蕊多数，集成5束，每束花丝10枚以上，较长。
果：蒴果长圆形，长10~15 cm，粗4.5~5 cm，密被灰白色长柔毛和星状柔毛。
种子：多数，倒卵形，光滑。
花果期：花期3~4月；果夏季成熟。
分布：产于中国云南、四川、贵州、广西、广东、江西、福建、台湾等地。

植株

种子

树皮

枝叶

叶

花

花

果

鉴别要点

落叶乔木，枝条轮生，茎杆具粗刺；掌状复叶；花萼杯状，花瓣肉质，雄蕊多数，集成5束，每束花丝10枚以上。

相近树种鉴别要点检索

1. 落叶乔木，茎秆、枝条明显有粗刺或偶有刺。小叶柄长1~4 cm。
  2. 茎杆偶有刺，枝条有小刺。花丝3~15枚，花萼花后枯萎宿存……………………………………………吉贝（爪哇木棉）*Ceiba pentandra* (L.) Gaertn.
  2. 茎秆、枝条明显有粗刺。
    3. 小羽片全缘，中部最宽。花丝40枚以上。雄蕊管上部花丝集为5束或散生……………木棉 *Bombax ceiba* L.
    3. 小羽片锯齿，上部最宽。花丝10枚以下，合生成长管包裹子房与花柱……………………………………………美丽异木棉 *Chorisia speciosa* St. Hih
1. 常绿乔木，植株无刺。小叶柄长0.4 cm。花丝40枚以上。雄蕊管上部花丝集为多束，每束再分离为7~10枚细长的花丝。
  2. 叶尖圆钝或急尖，质地较厚。果褐色……………………………水瓜栗 *Pachira aquatica* Acebl.
  2. 叶尖渐尖，质地较薄。果黄绿色……………马拉巴栗（瓜栗）*Pachina macrocarpa* (Cham. et Schlecht.) Walp.

吉贝（爪哇木棉）*Ceiba pentandra* (L.) Gaertn.　木棉科 Bombacaceae

植株

果

叶

树皮

美丽异木棉 *Chorisia speciosa* St. Hih　木棉科 Bombacaceae

植株

叶

花

花

花

花

植株

茎之皮刺

水瓜栗 *Pachira aquatica* Acebl.　木棉科 Bombacaceae

植株

枝叶

花

果枝

马拉巴栗（瓜栗、发财树）*Pachira macrocarpa* (Cham. et Schlecht.) Walp.
木棉科 Bombacaceae

植株

枝叶

花

果

鹅掌藤 *Schefflera arboricola* Hay.　五加科 Araliaceae

植株

树形和习性：常绿藤状灌木，高2~3 m。
树皮：绿色，光滑 。
枝条：小枝有不规则纵皱纹，无毛。
叶：掌状复叶互生，小叶7~9 片，革质，倒卵状长圆形，长6~10 cm，宽1.5~3.5 cm。
花与花序：圆锥花序顶生，主轴和分枝幼时密生星状绒毛，后渐脱落；花白色。
果：卵形，有 5 棱。
花果期：花期 7 月；果期 8 月。
分布：主要产于中国长江以南地区，以华南地区最多。

叶

花

果

鉴别要点

落叶常绿藤状灌木；掌状复叶互生，小叶 7~9 片，倒卵状长椭圆形；圆锥花序顶生，主轴和分枝幼时密生星状绒毛。果实卵形，有 5 棱。

相近树种鉴别要点检索

1. 常绿藤状灌木。小叶 5~9 片，倒卵状长圆形，较小，长 6~10 cm，宽 1.5~3.5 cm ………………… 鹅掌藤 *S. arboricola* Hay.
1. 常绿乔木。小叶 9~12 片，椭圆形，较大，长 20~30 cm，宽 10 cm ………………… 大叶伞 *S. actinophylla* (Endl.) Harms

大叶伞 *Schefflera actinophylla* (Endl.) Harms　五加科 Araliaceae

植株

叶

花序

黄荆 *Vitex negundo* L.　马鞭草科 Verbenaceae

树形和习性: 落叶灌木, 高1.0~1.5 m。
树皮: 黄色, 光滑 。
枝条: 小枝四棱形, 密生灰白色绒毛。
叶: 掌状复叶, 小叶5片, 少有3片; 小叶片长圆状披针形至披针形, 顶端渐尖, 基部楔形, 全缘或每边有少数粗锯齿, 表面绿色, 背面密生灰白色绒毛。叶香气浓郁。
花与花序: 聚伞花序排成圆锥花序式, 顶生, 长10~27 cm, 花萼钟状, 顶端有5裂齿, 花冠淡紫色, 顶端5裂, 二唇形。
果: 核果近球形, 径约2 mm; 宿萼接近果实的长度。
花果期: 花期4~6 月; 果期7~10 月。
分布: 主要产于中国长江以南地区, 北至淮河、秦岭一带。

植株

花序

叶片

花枝

果序

鉴别要点

落叶灌木或小乔木；小枝四棱形,密生灰白色绒毛。掌状复叶,小叶 5 片；聚伞花序排成圆锥花序式,顶生,花冠淡紫色,核果近球形。全株香型植物。

常春油麻藤 *Mucuna sempervirens* Hemsl.　蝶形花科 Papilionaceae

植株

果

树形和习性： 常绿木质藤本，长可达25 m。
树皮： 有皱纹，幼茎有纵棱和皮孔。
叶： 羽状复叶具3 小叶；顶生小叶椭圆形，长圆形或卵状椭圆形，长8~15 cm，宽3.5~6 cm，先端渐尖头可达15 cm，基部稍楔形；侧生小叶极偏斜，长7~14 cm，无毛；小叶柄长4~8 mm，膨大。
花与花序： 总状花序生于老茎上，长10~36 cm，每节上有3 朵花，无香气或有臭味；萼筒宽杯形；花冠深紫色，干后黑色，长约6.5 cm，旗瓣长3.2~4 cm，圆形，先端凹达4 mm，基部耳长1~2 mm。
果： 木质，带形，长30~60 cm，宽3~3.5 cm，厚1~1.3 cm，种子间缢缩，近念珠状，边缘多数加厚，凸起为一圆形脊，具伏贴红褐色短毛和长的脱落红褐色刚毛，内部隔膜木质。
种子： 红色、褐色或黑色，扁长圆形，长2.2~3 cm，宽2~2.2 cm，种脐黑色，包围着种子的3/4。
花果期： 花期4~5 月；果期8~10 月。
分布： 产于中国四川、贵州、云南、陕西、湖北、浙江、江西、湖南、福建、广东、广西等地。

植株

花

叶

鉴别要点

常绿木质藤本。三出复叶。总状花序生于老茎上，长 10~36 cm，花冠深紫色。果木质，带形，长 30~60 cm，种子间缢缩，近念珠状，边缘多数加厚。

相近树种鉴别要点检索

1. 荚果链珠状，腹背缝线各有 1 对宽 3~5 mm 的木质翅，种子间明显缢缩，每节的轮廓近圆形；花冠紫色 ………………………… 常春油麻藤 *M. sempervirens* Hemsl.
1. 荚果带状，两缝线不具翅；种子间缢缩或不缢缩；花冠灰白色 ………………… 白花油麻藤 *M. birdwoodiana* Tutch.

白花油麻藤 ***Mucuna birdwoodiana*** **Tutch.** 蝶形花科 Papilionaceae

植株

花序

植株

果

叶

花序

刺桐 *Erythrina variegata* L. 蝶形花科 Papilionaceae

植株

树形和习性： 大乔木，高可达20 m。
树皮： 灰褐色。
枝条： 枝有明显叶痕及短圆锥形的黑色直刺，髓部疏松，部分成空腔。
叶： 羽状复叶具3 小叶，叶柄长10~15 cm，通常无刺；小叶膜质，宽卵形或菱状卵形，长宽各10~20 cm，先端渐尖而钝，基部宽楔形或截形；基脉3 条，侧脉5 对；小叶柄基部有一对腺体状的托叶。
花： 总状花序顶生，长10~16 cm，上有密集、成对着生的花；总花梗木质，粗壮，长7~10 cm，花梗长约1 cm，具短绒毛；花萼佛焰苞状，长2~3 cm，口部偏斜，一边开裂；花冠红色，长6~7 mm，旗瓣椭圆形，长5~6 cm，宽约2.5 cm，先端圆，瓣柄短；翼瓣与龙骨瓣近等长；龙骨瓣2 片离生，雄蕊10 枚，单体。
果实： 荚果黑色，肥厚，种子间略缢缩，长15~30 cm，宽2~3 cm，稍弯曲，先端不育。
种子： 1~8 粒，肾形，长约1.5 cm，宽约1 cm，暗红色。
花果期： 花期3 月；果期8 月。
分布： 产于中国台湾、福建、广东、广西等地。

花序

鉴别要点

落叶乔木，树干有黑色圆锥形刺。三出复叶，小叶斜卵形；花萼佛焰形，口部偏斜，开裂到基部，花开满时旗瓣、翼瓣和龙骨瓣成垂直。

相近树种鉴别要点检索

1. 灌木或小乔木。枝条有皮刺，叶柄、中脉有下弯的刺。
  2. 小乔木；小叶宽菱状卵形，长5~12.5 cm ………… 龙牙花 *E. corallodendron* L.
  2. 灌木或小乔木；小叶卵形、卵状长圆形至长圆状披针形，长 10~15 cm ………… 鸡冠刺桐 *E. crista-galli* L.
1. 乔木。枝有黑色直刺。小叶宽卵形至菱状卵形，长 10~20 cm；叶柄、中脉无刺 ………… 刺桐 *E. variegata* L.

龙牙花 ***Erythrina corallodendron*** **L.** 蝶形花科 Papilionaceae

植株

叶

花序

鸡冠刺桐 ***Erythrina crista-galli*** **L.** 蝶形花科 Papilionaceae

植株

植株

花枝

花

秋枫 *Bischofia javanica* Bl.　大戟科 Euphorbiaceae

植株

树形和习性: 常绿乔木, 高达 15~20 m; 树冠圆球形。
树皮: 灰褐色至棕褐色, 厚约1 cm, 近平滑, 老树皮粗糙。
枝条: 分枝多, 枝条斜展。
叶: 三出复叶互生, 小叶片卵形、椭圆形、倒卵形或椭圆状卵形, 长7~15 cm, 宽4~8 cm, 顶端急尖或短尾状渐尖, 基部宽楔形, 边缘有浅锯齿, 每1 cm 长有2~3 个。
花与花序: 单性花, 圆锥花序; 无花瓣。
果实: 核果球形, 成熟褐色。
花果期: 花期 2~3 月; 果期 8~10 月。
分布: 产于中国陕西、江苏、安徽、浙江、江西、福建、台湾、河南、湖北、湖南、广东、海南、广西、四川、贵州、云南等地, 是优良的庭院树和行道树。

果

根部

叶

花序

雌花序

果

鉴别要点

常绿乔木；树冠圆球形。三出复叶,小叶片基部宽楔形。单性花,无花瓣,圆锥花序。

相近树种鉴别要点检索

1. 常绿或半常绿乔木；树皮红褐色，较光滑或碎片裂。小叶片基部宽楔形，叶缘锯齿较疏，每 1 cm 长有细锯齿 2~3 个；圆锥花序和果序 ………… 秋枫 *B. javanica* Bl.
1. 落叶乔木；树皮棕褐或黑褐色，条状开裂。小叶片基部圆或浅心形，叶缘锯齿较密，每 1 cm 长有细锯齿 4~5 个；总状花序和果序 ………… 重阳木 *B. polycarpa* (Levl.) Airy Shaw

重阳木 *Bischofia polycarpa* (Levl.) Airy Shaw　大戟科 Euphorbiaceae

植株

果

叶

树皮

橡胶 ***Hevea brasiliensis*** **(Willd. ex A. Juss.) Muell. Arg** 大戟科 Euphorbiaceae

树形和习性：大乔木，高可达30 m，有乳状汁液

树皮：灰白色或暗褐色，质地较为粗糙，有时会出现龟裂状的裂纹。

枝条：枝条较脆弱，对风的适应能力较差。

叶：指状复叶具小叶3片，全缘，两面无毛。

花：花序腋生，圆锥状，灰白色短柔毛。

果：蒴果椭圆状，有3纵沟，顶端有喙尖，基部略凹，外果皮薄，干后有网状脉纹，内果皮厚、木质。

种子：椭圆状，淡灰褐色，有斑纹。

花果期：花期5~6月。

分布：原产于巴西，现广泛栽培于亚洲热带地区；中国台湾、福建、广东、广西、海南和云南有栽培，以海南和云南种植较多。

植株

树干

植株

树干

植株

树干

柚 ***Citrus maxima* (Burm.) Merr.**　芸香科 Rutaceae

植株

树形和习性：常绿乔木。
树皮：光滑。
枝条：嫩枝扁且有棱，被柔毛。
叶：叶质颇厚，色浓绿，阔卵形或椭圆形，连翼叶长9~16 cm，宽4~8 cm，或更大，顶端钝或圆，有时短尖，基部圆，翼叶长2~4 cm，宽0.5~3 cm。
花与花序：总状花序，花蕾淡紫红色，稀乳白色；花萼不规则5~3浅裂；花瓣长1.5~2 cm；雄蕊25~35枚。
果：圆球形、扁圆形、梨形或阔圆锥状，横径通常10 cm以上，淡黄或黄绿色；果皮甚厚或薄，海绵质，油胞大，凸起；果心实但松软，瓢囊10~15或多至19瓣，汁胞白色、粉红或鲜红色，少有带乳黄色。
种子：多达200余粒，亦有无子的，形状不规则，通常近似长方形。
花果期：花期4~5月；果期9~12月。
分布：产于长江以南各地，最北见于河南信阳及南阳一带，全为栽培。

果

茎刺

叶

鉴别要点

常绿乔木，嫩枝扁且有棱，单身复叶，翼叶宽阔，花蕾淡紫红色；果径10 cm以上。

相近树种鉴别要点检索

1. 翼叶大，长2~4 cm，宽0.5~3 cm；果径10 cm以上 …… 柚 *C. maxima* (Burm.) Merr.
1. 叶小，长4~8 cm，宽3~5 cm，翼叶小，长1~1.5 cm，宽0.1~0.3 cm；果径3~6 cm。
  2. 果皮易剥离；腋生单花或少花簇生。果肉甜，花瓣白色；单花腋生或数花簇生 …… 柑橘 *C. reticulata* Blanco
  2. 果皮不易剥离。
    3. 果皮蜡黄色或淡绿黄色；果顶端有长或短的乳头状突尖；果肉甚酸 …… 柠檬 *C. limon* (L.) Burm. f.
    3. 果皮橙红；果顶通常无乳头状突；果肉味甜或酸甜适度 …… 甜橙 *C. sinensis* (L.) Osb.

柠檬 ***Citrus limon* (L.) Burm. f.**　芸香科 Rutaceae

植株

花

果

果

果

果

柑橘 *Citrus reticulata* Blanco　芸香科 Rutaceae

植株

果

枝叶

果

花

甜橙 *Citrus sinensis* (L.) Osb.　芸香科 Rutaceae

植株

枝叶

花

果

竹类植物　禾本科 Gramineae

竹类植物属禾本科竹亚科。该类植物结构与外形都比较特殊，自成一类，容易鉴别。

茎有两类，地下茎和地上茎。地上茎称为秆，秆一般为木质，多为灌木或乔木状；秆的节和节间明显，节上有环状痕，节间常中空。

叶有2种，茎生叶（秆箨，即笋壳）与营养叶。茎生叶分为发达的箨鞘和较瘦小而无明显中脉的箨片。普通叶片具短柄，且与叶鞘相连处成一关节，叶易自叶鞘脱落，叶片具叶柄，中脉极显著，次脉及再次脉亦均明显。

枝叶

花序

花序

枝叶

秆

秆

箨叶

枝叶

盆景竹

散生竹

丛生竹

丛生竹

散生竹

粉单竹 *Bambusa chungii* McClure　禾本科 Gramineae

植株

秆

树形和习性: 聚生型大型竹, 竿高5~10 m, 稀可高达18 m, 直径可达10 cm。中部节间长达30~45 cm。
树皮: 节间幼时被白色蜡粉, 无毛。竿环平坦; 箨环稍隆起。捧鞘早落, 箨耳呈窄带形, 边缘生淡色繸毛, 后者长而纤细, 有光泽; 箨舌高约1.5 mm, 先端截平或隆起, 上缘具梳齿状裂刻或具长流苏状毛。
枝条: 竿的分枝习性高, 常自第八节开始, 以数枝乃至多枝簇生。
叶: 节间幼时被白色蜡粉, 无毛; 叶鞘无毛; 叶耳及鞘口繸毛常甚发达, 易早落; 叶片质地较厚, 披针形乃至线状披针形, 大小有变化, 一般长10~16(20)cm, 宽1~2(3~5)cm, 正面沿中脉基部渐粗糙, 背面起初被微毛, 以后则渐变为无毛, 先端渐尖, 基部的两侧不对称, 次脉5或6 对。
花与花序: 少见。
果: 少见。
花果期: 少见。
分布: 分布于中国湖南、福建、广东、广西等地。

秆

箨叶

箨叶

枝叶

鉴别要点

聚生型大型竹,竿高 5~10 m,稀可高达 18 m,直径可达 10 cm。节间幼时被白色蜡粉,无毛。

黄金间碧竹（栽培型）*Bambusa vulgaris* Schrader 'Vittata'　禾本科 Gramineae

植株

鉴别要点

聚生型大型竹，竿高 8~10 m，直径 10~15 cm。竿黄色，节间正常，但具宽窄不等的绿色纵条纹，箨鞘在新鲜时为绿色而具宽窄不等的黄色纵条纹。

秆

树形和习性： 聚生型大型竹，竿高8~10 m，直径10~15 cm；中部节间长达20~35 cm。

树皮： 竿黄色，节间正常，但具宽窄不等的绿色纵条纹，箨鞘在新鲜时为绿色而具宽窄不等的黄色纵条纹。

枝条： 竿下部开始分枝，数枝乃至多枝簇生。

叶： 叶片窄被针形，一般长10~30 cm，宽13~25 mm，两表面均无毛，先端渐尖具粗糙钻状尖头，基部近圆形而两侧稍不对称，小横脉在叶下表面略微可见。

花与花序： 少见。

果： 少见。

花果期： 少见。

分布： 中国广西、海南、云南、广东和台湾等地，南部地区园林中有栽培。

箨叶

箨叶

大佛肚竹（栽培型）*Bambusa vulgaris* Schrader 'Wamin'　禾本科 Gramineae

聚生型，竿绿色，下部各节间极为短缩，各节间的基部肿胀。
中国华南地区以及浙江、福建、台湾等地的庭园中有栽培。

植株

秆

秆

秆

秆

秆

佛肚竹 *Bambusa ventricosa* McClure　禾本科 Gramineae

植株

枝叶

秆

孝顺竹 *Bambusa multiplex* (Lour.) Raeuschel ex J. A. et J. H. Schult. 禾本科 Gramineae

植株

树形和习性： 聚生型小型竹，竿高4~7 m，直径1.5~2.5 cm，尾梢近直或略弯，下部挺直，绿色；中部节间长达30~45 cm。

树皮： 节间长30~50 cm，幼时薄被白蜡粉，并于上半部被棕色至暗棕色小刺毛。竿箨幼时薄被白蜡粉，早落；箨鞘呈梯形，背面无毛，先端稍向外缘一侧倾斜，呈不对称的拱形；箨耳极微小以至不明显，边缘有少许毛。

枝条： 竿下部开始分枝，数枝乃至多枝簇生。

叶： 末级小枝具5~12叶；叶鞘无毛，纵肋稍隆起，背部具脊；叶耳肾形，边缘具波曲状细长毛；叶舌圆拱形，高0.5 mm，边缘微齿裂；叶片线形，长5~16 cm，宽7~16 mm。

花与花序： 少见。

果： 少见。

花果期： 少见。

分布： 中国东南部至西南部各地。

枝叶

鉴别要点

聚生型小型竹，竿高达4~7 m，直径1.5~2.5 cm。末级小枝具5~12叶；叶耳不明显，竿下部开始分枝，数枝乃至多枝簇生。

小琴丝竹（栽培型）*Bambusa multiplex* (Lour.) Raeusch. 'Alphonse-Karr' 禾本科 Gramineae

本栽培型与原变种的主要区分特征为竿和分枝的节间为黄色，具不同宽度的绿色纵条纹，竿箨新鲜时绿色，具黄白色纵条纹。竿和分枝的色泽鲜明，有如黄金间碧玉。四川、广东和台湾等地于庭园中有栽培。

秆

枝叶

植株

凤尾竹 (栽培型) ***Bambusa multiplex* (Lour.) Raeusch. 'Fernleaf'** 禾本科 Gramineae

秆中空, 小枝稍下弯, 具9~13 叶, 叶片长3.3~6.5 cm, 宽4~7 mm。
原产于中国, 华东、华南、西南地区, 以及台湾、香港均有栽培。多种植以作绿篱或供观赏。

植株

植株

枝叶

植株

箬竹 *Indocalamus tessellatus* (Munro) Keng f.　禾本科 Gramineae

植株

树形和习性： 聚生型小型竹，竿高0.75~2 m，直径4~7.5 mm；节间长约25 cm。

树皮： 圆筒形，在分枝一侧的基部微扁，一般为绿色。

枝条： 基部分枝。

叶： 小枝具2~4叶；叶鞘紧密抱秆，有纵肋，背面无毛或被微毛；无叶耳；叶舌高1~4 mm，截形；叶片在成长植株上稍下弯，宽披针形或长圆状披针形，长20~46 cm，宽4~10.8 cm，先端长尖，基部楔形，背面灰绿色，密被贴伏的短柔毛或无毛，中脉两侧或仅一侧生有一条毡毛，次脉8~16对，小横脉明显，形成方格状，叶缘具细齿。

花与花序： 少见。

果： 少见。

花果期： 少见。

分布： 中国长江流域及华北地区均有栽培。

枝叶

鉴别要点

聚生型小型竹，竿高 0.75~2 m，直径 4~7.5 mm。叶大，叶片宽披针形或长圆状披针形，长 20~46 cm，宽 4~10.8 cm，先端长尖，基部楔形。

毛竹 *Phyllostachys edulis* (Carr.) J. Houz. 禾本科 Gramineae

植株

树形和习性：散生型，竿高达20 m以上，粗者可达20 cm以上。中部节间长达40 cm或更长。
树皮：幼干密被细柔毛及厚白粉，箨环有毛，老干无毛。
枝条：上部有分枝。
叶：末级小枝具2~4叶；叶耳不明显，鞘口縫毛存在而为脱落性；叶舌隆起；叶片较小较薄，披针形，长4~11 cm，宽0.5~1.2 cm，下表面在沿中脉基部具柔毛，次脉3~6对，再次脉9条。箨耳微小，縫毛发达；箨舌宽短，强隆起乃至为尖拱形，边缘具粗长纤毛；箨片较短，长三角形至披针形。
花与花序：少见。
果：少见。
花果期：少见。
分布：分布自秦岭、汉水流域至长江流域以南和台湾地区，黄河流域也有多处栽培。

秆

枝叶

鉴别要点

散生型，竿高达20 m以上，粗者可达20 cm以上。中部节间长达40 cm或更长。末级小枝具2~4叶；叶耳不明显。

枝叶

节与节间

龟甲竹 *Phyllostachys edulis* (Carr.) J. Houz. 'Heterocycla' 禾本科 Gramineae

龟甲竹是毛竹的一个品种，竿中部以下的一些节间极为缩短而于一侧肿胀，相邻的节交互倾斜而于一侧彼此上下相接或近于相接，其他性状同毛竹。

秆

秆

紫竹 *Phyllostachys nigra* (Lodd. ex Lindl.) Munro　禾本科 Gramineae

植株

植株

枝叶

树形和习性： 散生型，竿高4~8 m，稀有高达10 m，直径可达5 cm。中部节间长达20~30 cm。

树皮： 幼竿绿色，密被细柔毛及白粉，箨环有毛，1 年生以后的竿逐渐先出现紫斑，最后全部变为紫黑色，无毛。竿环与箨环均隆起，且竿环高于箨环或两环等高。箨鞘背面红褐或更带绿色，无斑点或常具极微小不易观察的深褐色斑点，此斑点在箨鞘上端常密集成片。

枝条： 中部有分枝。

叶： 末级小枝具2~3 叶；叶耳不明显，有脱落形鞘口繸毛；叶舌稍伸出；叶片质薄，长7~10 cm，宽约1.2 cm。

花与花序： 少见。

果： 少见。

花果期： 少见。

分布： 原产于中国，南北各地多有栽培。

鉴别要点

散生型小型竹，竿高达 4~8 m，直径 1.5~2 cm。末级小枝具 2~3 叶；叶耳不明显。幼竿绿色，密被细柔毛及白粉，箨环有毛，1 年生以后的秆逐渐先出现紫斑，最后全部变为紫黑色，无毛。

棕榈科植物　棕榈科 Palmae, Arecaceae

棕榈科植物是一类比较特殊的植物，现在华南地区的园林中应用很多，种类丰富。在长江中下游地区栽培应用的种类也不少，随着棕榈科植物北引北用的深入，更多种类会出现在长江流域地区。

在园林中应用的棕榈类植物大多为灌木或乔木状，茎秆不分枝，单秆或丛生，节和节间明显，茎上环痕明显，叶通常大型，羽状复叶、羽状全裂或掌状分裂，聚生于茎顶形成伞形树冠，叶柄基部通常扩大成鞘。容易鉴别，故独立一类排列。

常见棕榈科植物检索表

1. 叶羽状复叶或羽状全裂。
  2. 叶 3~4 回羽状复叶。
    3. 秆丛生 ……………… 短穗鱼尾葵 *Caryota mitis* Loureiro
    3. 单秆。
      4. 茎绿色，表面被白色的毡状绒毛；雄花的萼片与花瓣不被脱落性的黑褐色的毡状绒毛，盖萼片小于被盖的侧萼片，表面具疣状凸起，边缘不具半圆齿 ……………… 鱼尾葵 *Caryota maxima* Blume ex Martius
      4. 茎黑褐色，表面不被白色的毡状绒毛；雄花的萼片与花瓣被脱落性的黑褐色的毡状绒毛，盖萼片大于被盖的侧萼片，表面不具疣状凸起，边缘具半圆齿 ……………… 董棕*Caryota urens* L.
  2. 叶一回羽状复叶或羽状全裂。
    5. 叶鞘、叶柄在茎秆上残留。
      6. 叶在茎顶端排成三列 ……………… 三角椰子 *Neodypsis decaryi* Jumelle
      6. 叶螺旋状排列。
        7. 叶片基部羽片不变态为针状。
          8. 叶绿色，叶柄残留、膨大，宽 10 cm 以上，叶轴近平直 ……………… 油棕 *Elaeis guineensis* Jacq.
          8. 叶灰绿色，叶柄较小，宽 5~7 cm，叶轴弯弓状 ……………… 布迪椰子 *Butia capitata* (Mart.) Becc.
        7. 叶片基部羽片变态为针状。
          9. 植株矮小，株高 3~4 m，茎秆密生三角锥状叶柄残基，羽片几乎排成一个平面，先端柔软下垂 ……………… 软叶刺葵（美丽针葵）*Phoenix roebelenii* O`Brien
          9. 植株高大，叶柄残基不为三角锥状，羽片常不在一个平面，先端挺直。
            10. 茎秆粗大，叶绿色 ……………… 加那利海枣 *Phoenix canariensis* Hort. ex Chaub.
            10. 茎秆较细，叶灰绿色。
              11. 叶柄长而纤细，多扁平，宿存的叶柄基部常褐色；羽片线状披针形，长 18~40 cm，顶端短渐尖，灰绿色，具明显的龙骨突起，2 或 3 片聚生，被毛 ……………… 海枣*Phoenix dactylifera* L.
              11. 叶柄粗短，宿存的叶柄基部常金黄色。羽片剑形，长 15~45 cm，宽 1.7~2.5 cm，顶端尾状渐尖，互生或对生，呈二至四列排列，完全无毛 ……………… 银海枣（中东海枣）*Phoenix sylvestris* (L.) Roxb.
    5. 叶鞘、叶柄同时脱落，无残留。
      12. 茎秆丛生。
        13. 节间、叶鞘常灰绿、黄绿色，叶裂片细长；果黄色 ……………… 散尾葵 *Chrysalidocarpus lutescens* H. Wendl.
        13. 节间、叶鞘常绿色，叶裂片宽大；果红色 ……………… 三药槟榔 *Areca triandra* Areca triandra Roxb. ex Buch. ~Ham.
      12. 茎单秆，乔木状。
        14. 叶的羽片二列，几乎同平面。
          15. 无叶鞘 ……………… 椰子 *Cocos nucifera* L.
          15. 具有叶鞘。
            16. 茎上下同大小。
              17. 茎秆较粗大，叶片较长，裂片较狭窄，排列成平面；果较小，近圆形 ……………… 假槟榔 *Archontophoenix alexandrae* (F. Muell.) H. Wendl. et Drude
              17. 茎秆较细，叶片短宽，裂片较宽大，上指排列成“V”形；果较大，椭圆形 ……………… 槟榔 *Areca catechu* L.
            16. 茎上部或下部膨大。
              18. 植株矮小，高 1~2 m，茎秆粗短圆肥酒瓶状 ……………… 酒瓶椰子 *Hyophorbe lagenicaulis* (L. Bailey) H. Moore
              18. 植株较高，高 6~9 m，茎秆基部或中部稍膨大 ……………… 棍棒椰子 *Mascarena verschaffeltii* Wendl.
        14. 叶的羽片四列或不在同一平面。
          19. 树干近基部膨大，而后几乎为直的圆柱形，较高大；叶的羽片成二列排列 ……………… 菜王棕 *Roystonea oleracea* (Jacq.) O. F. Cook
          19. 树干不规则地膨大，基部不膨大或膨大，近中部膨大，向上部渐狭，中等高；叶的羽片成四列排列 ……………… 王棕（大王椰）*Roystonea regia* (Kunth) O. F. Cook.

1. 单叶，掌裂叶。
  2. 茎秆丛生，灌木状，植株个体较小。
    3. 叶鞘具淡黑色粗糙较硬的网状纤维；叶掌状深裂成 4~10 片，裂片宽线形或线状椭圆形，不均等，长 20~32 cm，宽 1.5~5 cm，具 2~5 条肋脉，先端截状，具多对稍深裂的小裂片；裂片边缘及肋脉上具稍锐利的锯齿……………………………………………… 棕竹 *Rhapis excelsa* (Thunb.) Henry ex Rehd.
    3. 叶鞘具褐色网状纤维；叶裂片的肋脉及边缘具细锯齿或仅边缘具细锯齿或小齿。
      4. 叶鞘纤维较粗壮；叶掌状深裂成 16~30 裂片，线状披针形，长 28~36 cm，宽 1.5~1.8 cm，通常具 2 条明显的肋脉，先端变狭，具 2~3 短裂片，边缘及肋脉上具细锯齿…………………………………………… 多裂棕竹（金山棕竹）*Rhapis multifida* Burret
      4. 叶鞘纤维纤细。
        5. 叶掌状深裂成 7~15 裂片，线形，长 15~25 cm，宽 0.8~2 cm，具 1~3 条肋脉，边缘及肋脉上具细锯齿，先端具 2~3 短裂，稍渐尖……………………………… 矮棕竹 *Rhapis humilis* Bl.
        5. 裂片 2~4 片，长圆状披针形，长 15~18 cm，宽 1.7~3.5 cm，具 3~4 条肋脉，先端通常渐狭，具有不规则的急尖的齿，边缘及肋脉上具有粗糙的细锯齿……………………… 细棕竹 *Rhapis gracilis* Burret
  2. 茎单秆，乔木状，植株个体较大。
      6. 掌状叶裂片具有毛状物，叶鞘不网状，叶柄基部 2 裂。
        7. 叶片、叶柄灰色或灰绿色……………………… 霸王棕 *Bismarckia nobllis* Hildebr et H. Wendl.
        7. 叶片、叶柄绿色。
          8. 树干基部通常不膨大，去掉枯叶后呈灰色，具明显的纵向裂缝和不太明显的环状叶痕，叶基密集，不规则；叶较大（直径达 1.8 m），灰绿色，约分裂至中部，裂片边缘的丝状纤维存在于整个生命周期，柄绿色，较长（约 1.8 m），仅在下部边缘具有小刺……………………………………… 丝葵（老人葵）*Washingtonia filifera* Wendland
          8. 树干基部膨大，其余部分较细而高，去掉枯叶后呈淡褐色，可见明显的环状叶痕和不明显的纵向裂缝；叶通常不及前种大，亮绿色，分裂至基部 2/3 处，裂片边缘的丝状纤维只存在于幼龄树的叶上，随着年龄的成长而消失，叶柄淡红褐色，边缘具粗壮的钩刺，通常幼树的刺更多……………………………………… 大丝葵 *Washingtonia robusta* H. Wendl.
      6. 掌状叶裂片无毛状物，叶鞘网状，叶柄基部不 2 裂。
          9. 叶柄两侧具粗刺，叶片大，裂片上部往往下垂……………… 蒲葵 *Livistona chinensis* (Jacq.) R. Br.
          9. 叶柄两侧无刺，叶片小，裂片上部平直，不下垂……………………………………… 棕榈 *Trachycarpus fortunei* (Hook. f.) H. Wendl.

布迪椰子 *Butia capitata* (Mart.) Becc.　棕榈科 Palmae, Arecaceae

植株

雄花序

叶柄

雌花序

树形和习性: 常绿乔木, 高达 7~8 m; 树冠伞形。
树皮: 灰色, 粗壮, 平滑, 但有老叶痕。
枝条: 无分枝。
叶: 一回羽状叶, 长约2 m, 叶轴明显弯曲下垂成弓状, 叶片蓝绿色; 叶柄具疏的小刺, 基部残存, 叶鞘包茎, 有网状纤维。
花与花序: 花序较小, 叶腋抽出。
果: 椭圆形, 较小。
花果期: 花期3~5 月; 果期翌年9~10 月。
分布: 原产于南美洲。常见于中国华南地区, 抗寒力较强, 近年北移至长江流域栽培。

鉴别要点

常绿乔木,一回羽状叶,叶轴明显弯曲下垂成弓状,叶片蓝绿色;叶柄基部残存,叶鞘为网状纤维。

相近树种鉴别要点检索

1. 叶螺旋状着生，叶柄基部不套叠，叶轴直立 ………… 布迪椰子 *Butia capitata* (Mart.) Becc.
1. 叶三列着生，叶柄基部套叠，弯曲下垂成弓状 ………… 三角椰子 *Neodypsis decaryi* Jumelle

三角椰子 ***Neodypsis decaryi* Jumelle** 棕榈科 Palmae, Arecaceae

植株

叶柄

花序

假槟榔 *Archontophoenix alexandrae* (F. Muell.) H. Wendl. et Drude　棕榈科 Palmae, Arecaceae

植株

树形和习性: 常绿乔木, 高达 20 m, 地径 20~30 cm; 树冠伞形。
树皮: 树干呈灰色, 可见明显的环状叶痕。
枝条: 无分枝。
叶: 大型一回羽状叶, 裂片几乎排成平面; 叶鞘包茎, 整体脱落, 不残留。
花与花序: 花单性, 同株异穗, 花序大型, 多次分枝, 下垂。
果: 近球形, 鲜红, 较小。
花果期: 花期6~7月; 果期翌年9~10月。
分布: 原产于澳大利亚东部。中国台湾、广东、广西、海南及云南等热带、亚热带地区的有栽培。

鉴别要点

常绿乔木,树干细长,上下同大;叶大型,一回羽状复叶,叶柄大而鞘状包茎,整体脱落,不残留,在树干留下光滑的环纹。

果序

叶鞘

果序

相近树种鉴别要点检索

1. 茎干较粗大, 叶片较长, 裂片较狭窄, 几乎排列成平面; 果较小, 近圆形 ………… 假槟榔 *Archontophoenix alexandrae* (F. Muell.) H. Wendl. et Drude
1. 茎干较细, 叶片短宽, 裂片较宽大, 上指排列成“V”形; 果较大, 椭圆形 ………… 槟榔 *Areca catechu* L.

槟榔 *Areca catechu* L.　棕榈科 Palmae, Arecaceae

植株

叶和果

果

酒瓶椰子 *Hyophorbe lagenicaulis* (L. Bailey) H. Moore　棕榈科 Palmae, Arecaceae

植株

植株

树形和习性： 常绿乔木，高达1~2 m，树干粗短圆肥似酒瓶，地径30~40 cm；树冠伞形。

树皮： 光滑，无叶柄残存，具有明显的环状叶痕。

枝条： 无分枝。

叶： 一回羽状复叶，聚生茎顶，常不超过5片；叶柄下部具成叶鞘包茎。

花与花序： 花单性，同株异序，花序柄基部常残存。

花果期： 花期8月；果期为翌年3~4月。

分布： 原产于马斯克林群岛。中国台湾、华南地区南部及滇南地区有栽培。

花序

鉴别要点

常绿乔木，高达1~2 m，树干粗短圆肥似酒瓶，可见花序柄残留；一回羽状复叶，叶柄大而鞘状包茎，整体脱落，不残留，在树干留下光滑的环纹。

相近树种鉴别要点检索

1. 植株矮小，高 1~2 m，茎干粗短圆肥酒瓶状 ……………… 酒瓶椰子 *Hyophorbe lagenicaulis* (L. Bailey) H. Moore
1. 植株较高，高 6~9 m，茎干基部或中部稍膨大 ……………… 棍棒椰子 *Mascarena verschaffeltii* Wendl.

棍棒椰子 *Mascarena verschaffeltii* Wendl.　棕榈科 Palmae, Arecaceae

植株

植株

花序

花序

加拿利海枣 *Phoenix canariensis* Hort. ex Chaub.　棕榈科 Palmae, Arecaceae

植株

树形和习性： 常绿乔木，高达 30 m，胸径 80 cm；树冠伞形或圆球形。

树皮： 灰褐色，残留叶柄基部痕迹，扁菱形。

叶： 聚生秆顶，螺旋状互生，叶绿色，一回羽状全裂。羽片 150~200 对，条形，先端渐尖，排成三至四列，基部小叶成针刺状。

花与花序： 肉穗花序，花单性，雌雄异株；花序叶腋抽生。

果： 果实卵状球形，先端微突，成熟时橙黄色，有光泽。

种子： 种子椭圆形，中央具深沟，灰褐色。

花果期： 花期5~7 月；果期 8~9 月。

分布： 见于长江流域及以南地区，用于园林栽培。

叶

雄花序

鉴别要点

常绿乔木，树冠伞形或圆球形；叶片大型，聚生茎秆顶部，基部羽片变态成针状。茎秆表面密被残存的扁菱形叶柄残基。园林中常修剪叶柄基部在树干上部形成菠萝形。

相近树种鉴别要点检索

1. 植株矮小，株高 3~4 m，茎秆密生三角锥状叶柄残基，羽片几乎排成一个平面，先端柔软下垂 ………… 软叶刺葵（美丽针葵）*P. roebelenii* O`Brien
1. 植株高大，叶柄残基不为三角锥状，羽片常不在一个平面，先端挺直。
   2. 茎干粗大，叶绿色 ………… 加那利海枣 *P. canariensis* Hort. ex Chaub.
   2. 茎干较细，叶灰绿色。
      3. 叶柄长而纤细，多扁平，宿存的叶柄基部常褐色；羽片线状披针形，长 18~40 cm，顶端短渐尖，灰绿色，具有明显的龙骨突起，2或3片聚生，被毛 ………… 海枣 *P. dactylifera* L.
      3. 叶柄粗短，宿存的叶柄基部常金黄色。羽片剑形，长 15~45 cm，宽 1.7~2.5 cm，顶端尾状渐尖，互生或对生，呈二至四列排列，完全无毛 ………… 银海枣（中东海枣）*P. sylvestris* (L.) Roxb.

软叶刺葵（美丽针葵）*Phoenix roebelenii* O' Brien　棕榈科 Palmae, Arecaceae

植株

雄花序

叶柄

叶柄残留

叶

海枣 *Phoenix dactylifera* L.　棕榈科 Palmae, Arecaceae

植株

花序

叶柄基部

叶柄残留

叶

银海枣　(中东海枣) *Phoenix sylvestris* Roxb.　棕榈科 Palmae, Arecaceae

植株

叶

叶柄基部

花序

椰子 *Cocos nucifera* L. 棕榈科 Palmae, Arecaceae

树形和习性：常绿乔木状，高15~30 m，树冠伞形。
树皮：树干呈灰色，可见明显的环状叶痕。
枝条：无分枝。
叶：大型一回羽状叶，长3~4 m，裂片几乎排成平面，长65~100 cm，宽34 cm；叶整体脱落，基部有网状纤维，不残留。
花与花序：花单性，同株异穗，花序大型，多次分枝，下垂。
果：大型，近球形，鲜红，较小。
花果期：花期6~7月；果期翌年9~10月。
分布：原产于澳大利亚东部。中国台湾、广东、广西、海南及云南等热带、亚热带地区的园林单位有栽培应用，是树形优美的绿化树种。

果

鉴别要点

常绿乔木，树干细长，上下同大；叶大型，一回羽状复叶，叶柄大，基部网状纤维包茎，整体脱落，不残留，在树干留下光滑的环纹。果大型。

果

花序

植株

棕榈类

王棕（大王椰）***Roystonea regia* (Kunth) O. F. Cook**　棕榈科 Palmae, Arecaceae

植株

树形和习性：常绿乔木，高10~20 m，树干中部等处膨大；树冠伞形。
树皮：树干呈灰色，可见明显的环状叶痕。
枝条：无分枝。
叶：大型一回羽状叶，裂片四列排列，指向凌乱；叶鞘包茎，整体脱落，不残留。
花与花序：花单性，同株异穗，花序大型，多次分枝，下垂。
果：近球形至倒卵形，长约1.3 cm，直径约1 cm，暗红色至淡紫色。
花果期：花期3~4 月；果期10 月。
分布：原产于古巴、牙买加等中美洲地区。在中国台湾、广东、广西、海南及云南等热带、亚热带地区广泛栽培应用，是树形优美的绿化树种。

花序

树干

叶片

鉴别要点

常绿乔木，树干中部等处膨大；叶大型，一回羽状复叶，裂片排成四列，叶柄大而鞘状包茎，整体脱落，不残留，在树干留下光滑的环纹。

相近树种鉴别要点检索

1. 树干近基部膨大，而后几乎为直的圆柱形，较高大；叶的羽片成二列排列 ………………………… 菜王棕 *R. oleracea* (Jacq.) O. F. Cook
1. 树干不规则地膨大，基部不膨大或膨大，近中部膨大，向上部渐狭，中等高；叶的羽片成四列排列 ………………………… 王棕 *R. regia* (Kunth) O. F. Cook

菜王棕 ***R. oleracea* (Jacq.) O. F. Cook**　棕榈科 Palmae, Arecaceae

树冠

株型

叶片

树干

散尾葵 *Chrysalidocarpus lutescens* H. Wendl.　棕榈科 Palmae, Arecaceae

植株

树形和习性： 常绿丛生灌木，高3~5 m。
树皮： 叶柄脱落无残留，有明显的环状叶痕。
枝条： 无分枝。
叶： 叶羽状全裂，平展而稍下弯，长约1.5 m，羽片40~60对，二列；叶鞘长而略膨大，通常黄绿色，整体脱落无残留。
花与花序： 圆锥花序式，长约0.8 m，具2~3次分枝。
果： 果实倒卵形，长1.5~1.8 cm，直径0.8~1 cm，鲜时黄色，干时紫黑色。
花果期： 花期5月；果期8月。
分布： 原产于马达加斯加。中国华南地区有栽培，其他地区有在家庭或温室栽培，应用广泛。

花序

叶

花序

鉴别要点

常绿丛生灌木，多干丛生，树干竹节状，环纹明显；叶一回羽状复叶，裂片二列；叶鞘黄绿色。

相近树种鉴别要点检索

1. 节间、叶鞘常灰绿、黄绿色，叶裂片细长；果黄色 ·································· 散尾葵 *Chrysalidocarpus lutescens* H. Wendl.
1. 节间、叶鞘常绿色，叶裂片宽大；果红色 ······················ 三药槟榔 *Areca triandra Areca triandra* Roxb. ex Buch. –Ham.

三药槟榔 *Areca triandra* Roxb. ex Buch. -Ham.　棕榈科 Palmae, Arecaceae

植株

叶

花序、果序

花序

果序

茎秆

油棕 *Elaeis guineensis*　棕榈科 Palmae, Arecaceae

植株

雄花序

雌花序

叶

树形和习性: 常绿乔木状, 高10~15 m, 胸径60 cm; 树冠伞形。

树皮: 灰褐色, 叶基残留。

枝条: 不分枝。

叶: 簇生于茎顶, 羽状全裂, 裂片外向折叠, 线状披针形, 裂片排列成一个平面; 叶轴下部的羽片退化为针刺。

花与花序: 花单性, 雌雄同株, 生于不同的花序。

果: 果实卵球形或倒卵球形, 外果皮光滑。

分布: 原产于非洲热带地区。中国华南热带地区有引种栽培, 园林应用。现广泛作为油料作物栽培。

叶柄基部

鉴别要点

常绿乔木；树冠伞形。叶基残留,羽状全裂,几乎排成一个平面。

鱼尾葵 *Caryota maxima* Blume ex Martius　棕榈科 Palmae，Arecaceae

植株

茎秆

树形和习性： 常绿乔木，高达20 m，胸径20 cm；树冠伞状卵圆形。

树皮： 绿色，节处有环状叶痕。

枝条： 不分枝。

叶： 叶鞘包茎，具褐色网状纤维。叶大型，二回羽状全裂，小羽片互生，厚而硬，形似鱼尾。

花与花序： 花序腋生，弯曲且下垂，长2~3 m，分枝多，花黄色，多数，穗状紧密排列。

果： 核果球形，成熟后淡红色。

花果期： 花期6~7月；果期翌年9~11月。

分布： 原产于亚洲热带、亚热带及大洋洲。中国海南五指山有野生分布，台湾、福建、广东、广西、云南均有栽培。

叶

果序

鉴别要点

常绿乔木，树干不分枝；叶大型，二回羽状全裂，小羽片互生，厚而硬，形似鱼尾。花序果序腋生，弯曲且下垂，长 2~3 m。

相近树种鉴别要点检索

1. 树干丛生 …………………………………… 短穗鱼尾葵 *C. mitis* Loureiro
1. 树干单一。
   2. 茎绿色，表面被白色的毡状绒毛；叶着生于茎秆的上半部，羽片下垂。雄花的萼片与花瓣不被脱落性的黑褐色的毡状绒毛 …………………………………… 鱼尾葵 *C. maxima* Blume ex Martius
   2. 茎黑褐色，表面不被白色的毡伏绒毛；叶着生于茎秆的顶部，羽片伸展，不下垂。雄花的萼片与花瓣被脱落性的黑褐色的毡状绒毛 …………………………………… 董棕 *C. urens* L.

短穗鱼尾葵 *Caryota mitis* Loureiro　棕榈科 Palmae, Arecaceae

植株

果序花序

叶

叶鞘

董棕 *Caryota urens* L.　棕榈科 Palmae, Arecaceae

植株

叶

茎基

蒲葵 *Livistona chinensis* (Jacq.) R. Br.　棕榈科 Palmae, Arecaceae

植株

树形和习性： 常绿乔木，高达 20 m，地径 20~30 cm；树冠伞形。

树皮： 干顶被覆许多下垂的枯叶，叶柄残留，有棕色网状纤维包裹树干；可见明显的纵向裂缝和环状叶痕。

枝条： 无分枝。

叶： 大型掌状叶，直径达1 m 以上，掌状深裂至中部，裂片线状披针形，基部宽4~4.5 cm，顶部长渐尖，2 深裂成长达50 cm 的丝状下垂的小裂片；叶柄长1~2 m，下部两侧下弯的短刺。具棕色网状纤维。

花与花序： 花序呈圆锥状，粗壮，长约1 m。

果： 椭圆形，黑褐色，长1.8~2.2 cm，直径1~1.2 cm。

花果期： 花果期4~5 月。

分布： 原产于中国南部，华南地区及长江流域部分地区栽培。中南半岛亦有分布。

叶

叶柄基部

植株

鉴别要点

常绿乔木，树干环纹、纵纹均明显；叶大型，掌状叶，深裂至中部，裂片顶部长渐尖，2 深裂成长达 50 cm 的丝状下垂的小裂片；叶柄残留，有棕色网状纤维包裹树干。

棕榈 *Trachycarpus fortunei* (Hook.) H. Wendl.　棕榈科 Palmae，Arecaceae

植株

花序

花序

叶柄基部

棕竹 ***Rhapis excelsa*** **(Thunb.) Henry ex Rehd.** 棕榈科 Palmae, Arecaceae

植株

树形和习性：丛生灌木状，高2~3 m；树冠伞形。
树皮：茎圆柱形，有节，直径1.5~3 cm，有叶柄残留物。
枝条：不分枝。
叶：叶鞘包茎，叶鞘分解成稍松散的淡黑色粗糙较硬的网状纤维。叶掌状深裂，裂片4~10片，不均等，具2~5条肋脉。
花与花序：花单性，同株异穗。圆锥状花序，长约30 cm，具有佛焰苞。
果：核果倒卵状球形，成熟后淡红色。
花果期：花果期6~7月。
分布：原产于中国华南和西南地区。

叶

叶尖

茎秆

叶柄基部

鉴别要点

丛生常绿小型灌木；叶掌状深裂，裂片4~10片，叶鞘分解成稍松散的马尾状淡黑色粗糙而硬的网状纤维。

相近树种鉴别要点检索

1. 叶鞘具淡黑色粗糙较硬的网状纤维；叶掌状深裂成4~10片，裂片宽线形或线状椭圆形，不均等，长20~32 cm，宽1.5~5 cm，具2~5条肋脉，先端截状，具多对稍深裂的小裂片；裂片边缘及肋脉上具稍锐利的锯齿……………………棕竹 *R. excelsa* (Thunb.) Henry ex Rehd.
1. 叶鞘具褐色网状纤维；叶裂片的肋脉及边缘具细锯齿或仅边缘具细锯齿或小齿。
   2. 叶鞘纤维较粗壮；叶掌状深裂成16~20(30)裂片，线状披针形，长28~36 cm，宽1.5~1.8 cm，通常具2条明显的肋脉，先端变狭，具2~3（4）短裂片，边缘及肋脉上具细锯齿……………………多裂棕竹（金山棕竹）*R. multifida* Burret
   2. 叶鞘纤维纤细。
      3. 叶掌状深裂成7~10（20）裂片，线形，长15~25 cm，宽0.8~2 cm，具1~2（3）条肋脉，边缘及肋脉上具细锯齿，先端具2~3短裂，稍渐尖……………………矮棕竹 *R. humilis* Bl.
      3. 裂片2~4片，长圆状披针形，长15~18 cm，宽1.7~3.5 cm，具3~4条肋脉，先端通常渐狭，具不规则的急尖的齿，边缘及肋脉上具粗糙的细锯齿……………………细棕竹 *R. gracilis* Burret

多裂棕竹（金山棕竹）*Rhapis multifida* Burret　棕榈科 Palmae, Arecaceae

植株

叶

叶尖

矮棕竹 *Rhapis humilis* Bl.　棕榈科 Palmae,　Arecaceae

植株

花序及叶

叶柄基部

细棕竹 *Rhapis gracilis* Burret　棕榈科 Palmae Arecaceae

植株

叶

花序

棕榈类

丝葵 （老人葵） *Washingtonia filifera* Wendland　棕榈科 Palmae, Arecaceae

植株

树形和习性：常绿乔木，高达 20 m，地径 75~105 cm；树冠伞形。
树皮：干顶被覆许多下垂的枯叶；若去掉枯叶，树干呈灰色，可见明显的纵向裂缝和不太明显的环状叶痕。
枝条：无分枝。
叶：大型掌状叶，深裂至叶片中部，灰绿色，不裂部分圆形；在裂片之间及边缘具灰白色的丝状纤维，叶柄下部具疏的小刺，叶鞘抱茎，具褐色网状纤维。
花与花序：花序大型，弓状下垂，长于叶（长3.6 m）。
果：卵球形，较小。
花果期：花期6~7月；果期翌年9~10月。
分布：原产于美国西部。中国华南地区及滇南地区有栽培应用，近年北移至长江流域栽培。

叶

茎秆

叶柄残留

鉴别要点

常绿乔木，树干粗大；叶大型，掌状，灰绿色，裂片深裂至叶片中部，裂片之间及边缘具灰白色的丝状纤维。叶柄绿色，下部具小刺。

相近树种鉴别要点检索

1. 树干基部通常不膨大，去掉枯叶后呈灰色，具明显的纵向裂缝和不太明显的环状叶痕；叶灰绿色，约分裂至中部，不裂部分圆形，裂片边缘的丝状纤维存在于整个生命周期，叶柄绿色、较长（约 1.8 m），仅在下部边缘具小刺 …………………………………………………… 丝葵（老人葵）*W. filifera* Wendland
1. 树干基部膨大，其余部分较细而高，去掉枯叶后呈淡褐色，可见明显的环状叶痕和不明显的纵向裂缝；叶通常亮绿色，分裂至基部 2/3 处，不裂部分卵形，裂片边缘的丝状纤维只存在于幼龄树的叶上，叶柄淡红褐色，边缘具粗壮的钩刺，通常幼树的刺更多 ………………………………………… 大丝葵 *W. robusta* H. Wendl.

大丝葵 *Washingtonia robusta* H. Wendl.　棕榈科 Palmae, Arecaceae

植株

花序

茎秆

棕榈类

中文名索引

A

阿江榄仁……150
矮棕竹……253
澳洲坚果……160

B

八角……102
巴特三角梅……125
巴西樱桃……35
白花杜鹃……128
白花藤萝……203
白花油麻藤……220
白兰……106
白千层……141
白柿……133
百日青……11
柏木……19
板栗……59
北美鹅掌楸……48
笔筒树……2
薜荔……122
扁桃……156
变叶木……90
变叶珊瑚花……94
槟榔……241
波罗蜜……118
布迪椰子……239

C

彩云阁……154
菜王棕……246
侧柏……20
茶……65
茶梅……63
长芒杜英……67
长叶竹柏……24
常春油麻藤……219
池杉……8
赤楠……32
翅荚决明……194
串钱柳……146
垂榕……120
垂枝无忧花……198
重阳木……223
刺柏……22
刺梨……178
刺桐……221
刺叶苏铁……5
粗榧……13

D

大佛肚竹（栽培型）……231
大红花……71
大花五桠果……60
大花紫薇……139
大琴叶榕……122
大丝葵……254
大王龙船花……40
大王椰……246
大叶桉……144
大叶冬青……89
大叶榉……54
大叶榕……123
大叶伞……217
大叶相思……135
蛋黄果……130
地锦……98
滇刺枣……97
滇山茶……65
吊灯扶桑……72
东魁杨梅……159
东瀛珊瑚……85
冬青卫矛……86
董棕……250
豆梨……79
杜鹃红山茶……64
杜梨……78
杜英……68
短穗鱼尾葵……250
钝叶鸡蛋花……161
多花蔷薇……179
多花紫藤……203
多裂棕竹……253
多脉四照花……28

E

鹅掌楸……48
鹅掌藤……217
二乔木兰……104
二球悬铃木……50

F

发财树……216
法国梧桐……49
番木瓜……100
番石榴……36
粉单竹……229
枫香树……51
枫杨……172
凤凰木……191
凤尾竹（栽培型）……233
扶芳藤……87
扶桑……71
佛肚树……93
佛肚竹……231
福建柏……23
福建山樱花……73
复羽叶栾树……181

G

柑橘……226

橄榄……208
高盆樱桃……73
高榕……120
高山榕……120
构骨……88
构树……56
瓜栗……216
光叶榉……54
光叶子花……124
龟甲竹……235
桂花……47
桂木……118
棍棒椰子……242

H

海南菜豆树……213
海南红豆……199
海南蒲桃……31
海桐……134
海枣……244
含笑……107
寒绯樱……73
合欢……189
荷花玉兰……109
黑柿……132
红车……32
红花荷……116
红花檵木……115
红花龙吐珠……38
红花羊蹄甲……83
红鸡蛋花……161
红鳞蒲桃……32
红千层……145
红叶石楠……82
猴子杉……6
厚萼凌霄……187
胡桃……173
胡桃楸……174
葫芦树……168
湖北枫杨……172
花椒……185
花梨母……201
华南五针松……18
华山松……17
黄蝉……166
黄果朴……55
黄槐决明……193
黄金间碧竹（栽培型）……230
黄槿……72
黄荆……218
黄晶果……157
黄兰……106
黄连木……207
黄皮……176
黄檀……200
黄杨……29
幌伞枫……212
火棘……76
火殃簕……153

J

鸡蛋花……162
鸡冠刺桐……222
鸡毛松……12
吉贝……215
加拿大紫荆……137
加拿利海枣……243
夹竹桃……164
嘉宝果……34
假槟榔……241
假苹婆……126
尖叶四照花……27
降香檀……201
金刚纂……154
金山棕竹……253
金叶含笑……108
金银花……45
金樱子……179
锦绣杜鹃……127
九里香……211
酒瓶椰子……242
橘香红千层……146
决明……195

K

咖啡……41
壳菜果……117
可可……155
苦丁茶……89
阔荚合欢……189
阔叶十大功劳……171

L

腊肠树……195
蜡梅……26
辣木……204
兰屿罗汉松……11
兰屿肉桂……112
蓝花楹……192
蓝莓……129
榄仁……148
榔榆……53
老人葵……254
乐昌含笑……105
簕杜鹃……124
李……75
荔枝……206
楝树……184
两面针……185
凌霄……187
柳杉……9
龙船花……39
龙吐珠……37
龙牙花……222
龙眼……206
栾树……180
轮叶蒲桃……32
罗汉松……10
椤木石楠……82
络石……37
落羽杉……7

M

麻风树……92
麻梨……78
麻栎……58
马拉巴栗……216
马尾松……16
马占相思……136
杧果……156
毛茉莉……43
毛竹……235
玫瑰……178
梅……75
美国枫香……51
美国凌霄……187
美国山核桃……174
美国梧桐……50
美国榆……53
美花红千层……146
美丽白千层……141
美丽龙吐珠……38
美丽异木棉……215
美丽针葵……243
米老排……117
米仔兰……210
棉叶珊瑚花……94
面包树……101
茉莉花……43
莫氏榄仁……149
墨西哥落羽杉……8
木波罗……118
木芙蓉……71
木荷……62
木槿……70
木麻黄……170
木棉……214
木香……178
木油桐……95

N

南方红豆杉……14
南海藤……175
南岭黄檀……201
南天竹……188
南洋杉……6
南洋楹……192
柠檬……225
柠檬桉……143
牛大力……175
牛油果……113
诺丽果……41
女贞……44

P

爬山虎……98
攀枝花苏铁……4
枇杷……80
苹婆……126
破布叶……61
菩提榕……122
葡萄……99
蒲葵……251
蒲桃……30
朴树……55
铺地柏……22

Q

千层金……142
千果榄仁……150
千年桐……95
琴叶珊瑚……94
清香木……207
青枣……97
秋枫……223
全缘叶栾树……181
雀舌黄杨……30

R

人心果……130
忍冬……45
日本扁柏……20
日本柳杉……9
日本四照花……28
日本桃叶珊瑚……85
日本五针松……17
榕树……119
肉桂……111
软叶刺葵……243
软枝黄蝉……167
箬竹……234

S

三尖杉……13
三角椰子……240
三球悬铃木……49
三药槟榔……247
伞房决明……194
散尾葵……247
桑树……57
缫丝花……178
沙梨……77
山茶……64
山杜英……69
山苦茶……96
山乌桕……152
杉木……7
珊瑚花……93
深山含笑……108
神秘果……158
湿地松……18
十大功劳……171
石榴……147
石楠……81
柿……131
树波罗……118
栓皮栎……58
双荚决明……194
水瓜栗……216
水石榕……68
水松……8
水团花……42
丝葵……254

四川苏铁……5
四季米兰……211
酸豆……196
桫椤……2

T

台湾栾树……180
台湾相思……136
泰国龙船花……40
糖胶树……165
桃……74
桃金娘……33
桃叶珊瑚……85
甜橙……226
铁刀木……195
头状四照花……28
土沉香……140

W

王棕……246
卫矛……87
乌桕……152
乌墨……31
无花果……101
五桠果……60

X

西洋梨……79
喜树……151
细花白千层……142
细棕竹……253
狭叶栀子……169
仙丹龙船花……40
现代月季……177
香椿……183
橡胶……224
小蜡……44
小琴丝竹（栽培型）……232
小叶榄仁……149
孝顺竹……232
绣球花……46
雪茄花……138

Y

盐肤木……182
羊蹄甲……84
阳桃……209
洋蒲桃……31
洋紫荆……84
椰子……245
野核桃……174
叶子花……125
夜香树……163
一品红……91
一球悬铃木……50
异叶地锦……98
异叶南洋杉……6
异叶爬山虎……98
阴香……111
银海枣……244
银合欢……190
银桦……186
银杏……15
印度无忧树……198
印度橡胶榕……121
英国冬青……88
英国梧桐……50
油茶……64
油桐……95
油棕……248
柚……225
鱼尾葵……249
榆树……52
玉兰……103
圆柏……21
越南篦齿苏铁……5
云南松……18

Z

杂交鹅掌楸……48
樟……110
爪哇木棉……215
鹧鸪茶……96
栀子……169
中东海枣……244
中国无忧花……197
中华猕猴桃……66
钟花蒲桃……32
钟花樱桃……73
朱槿……71
竹柏……24
竹叶榕……121
紫蝉……167
紫花含笑……107
紫荆……137
紫檀……205
紫藤……202
紫薇……139
紫雪茄花……138
紫玉兰……104
紫竹……236
棕榈……251
棕竹……252

学名索引

A

Acacia auriculiformis ············135
Acacia confusa ············136
Acacia mangium ············136
Actinidia chinensis ············66
Aglaia duperreana ············211
Aglaia odorata ············210
Albizia julibrissin ············189
Albizia lebbeck ············189
Allamanda cathartica ············167
Allamanda schottii ············166
Allamanda violacea ············167
Alsophia spinulosa ············2
Alstonia scholaris ············165
Amygdalus persica ············74
Anthocephalus chinensis ············42
Aquilaria sinensis ············140
Araucaria cunninghamii ············6
Araucaria heterophylla ············6
Archontophoenix alexandrae ············241
Areca catechu ············241
Areca triandra ············247
Armeniaca mume ············75
Artocarpus heterophyllus ············118
Artocarpus incisa ············101
Artocarpus nitidus subsp. *lingnanensis* ············118
Aucuba chinensis ············85
Aucuba japonica ············85
Averrhoa carambola ············209

B

Bambusa chungii ············229
Bambusa multiplex ············232
Bambusa multiplex 'Alphonse-Karr' ············232
Bambusa multiplex 'Fernleaf' ············233
Bambusa ventricosa ············231
Bambusa vulgaris 'Vittata' ············230
Bambusa vulgaris 'Wamin' ············231
Bauhinia blakeana ············83
Bauhinia purpurea ············84
Bauhinia variegata ············84
Bischofia javanica ············223
Bischofia polycarpa ············223
Bombax ceiba ············214
Bougainvillea buttiana ············125
Bougainvillea glabra ············124
Bougainvillea spectabilis ············125
Broussonetia papyifera ············56
Butia capitata ············239
Buxus bodinieri ············30
Buxus sinica ············29

C

Callistemon citrinus ············146
Callistemon rigidus ············145
Callistemon viminalis ············146
Camellia azalea ············64
Camellia japonica ············64
Camellia oleifera ············64
Camellia reticulata ············65
Camellia sasanqua ············63
Camellia sinensis ············65
Campsis grandiflora ············187
Campsis radicans ············187
Camptotheca acuminata ············151
Canarium album ············208
Carica papaya ············100
Carya illinoensis ············174
Caryota maxima ············249
Caryota mitis ············250
Caryota urens ············250
Casimiroa edulis ············133
Cassia alata ············194
Cassia bicapsularis ············194
Cassia corymbosa ············194
Cassia fistula ············195
Cassia siamea ············195
Cassia surattensis ············193
Cassia tora ············195
Castanea mollissima ············59
Casuarina equisetifolia ············170
Ceiba pentandra ············215
Celtis sinensis ············55
Cephalotaxus fortunei ············13
Cephalotaxus sinensis ············13
Cerasus campanulata ············73
Cerasus cerasoides ············73
Cercis canadensis ············137
Cercis chinensis ············137
Cestrum nocturnum ············163
Chamaecyparis obtusa ············20
Chimonanthus praecox ············26
Chorisia speciosa ············215
Chrysalidocarpus lutescens ············247
Cinnamomum burmanni ············111
Cinnamomum camphora ············110
Cinnamomum cassia ············111

Cinnamomum kotoense ······ 112
Citrus limon ······ 225
Citrus maxima ······ 225
Citrus reticulata ······ 226
Citrus sinensis ······ 226
Clausenalansium ······ 176
Clerodendrum speciosum ······ 38
Clerodendrum splendens ······ 38
Clerodendrum thomsonae ······ 37
Cocos nucifera ······ 245
Codiaeum variegatum ······ 90
Coffea arabica ······ 41
Crescentia cujete ······ 168
Cryptomeria fortunei ······ 9
Cryptomeria japonica ······ 9
Cunninghamia lanceolata ······ 7
Cuphea articulata ······ 138
Cuphea hyssopifolia ······ 138
Cupressus funebris ······ 19
Cycas elonga ······ 5
Cycas panzhihuaensis ······ 4
Cycas rumphii ······ 5
Cycas szechuanensis ······ 5

D

Dacrycarpus imbricatus ······ 12
Dalbergia balansae ······ 201
Dalbergia hupeana ······ 200
Dalbergia odorifera ······ 201
Delonix regia ······ 191
Dendrobenthamia angustata ······ 27
Dendrobenthamia capitata ······ 28
Dendrobenthamia japonica ······ 28
Dendrobenthamia multinervosa ······ 28
Dillenia indica ······ 60
Dillenia turbinata ······ 60
Dimocarpus longan ······ 206
Diospyros kaki ······ 131
Diospyros nitida ······ 132

E

Elaeis guineensis ······ 248
Elaeocarpus apiculatus ······ 67
Elaeocarpus decipiens ······ 68
Elaeocarpus hainanensis ······ 68
Elaeocarpus sylvestris ······ 69
Eriobotrya japonica ······ 80
Erythrina corallodendron ······ 222
Erythrina crista-galli ······ 222
Erythrina variegata ······ 221
Eucalyptus citriodora ······ 143
Eucalyptus robusta ······ 144
Eugenia brasiliensis ······ 35
Euonymus alatus ······ 87
Euonymus fortunei ······ 87
Euonymus japonicus ······ 86
Euphorbia antiquorum ······ 153
Euphorbia neriifolia ······ 154
Euphorbia pulcherrima ······ 91
Euphorbia trigona ······ 154

F

F.icus lyrata ······ 122
Falcataria moluccana ······ 192
Ficus altissima ······ 120
Ficus benjamina ······ 120
Ficus binnendijkii ······ 121
Ficus carica ······ 101
Ficus elastica ······ 121
Ficus microcarpa ······ 119
Ficus pumila ······ 122
Ficus religiosa ······ 122
Ficus virens var. *sublanceolata* 123
Fokienia hodginsii ······ 23

G

Gardenia jasminoides ······ 169
Gardenia stenophylla ······ 169
Ginkgo biloba ······ 15
Glyptostrobus pensilis ······ 8
Grevillea robusta ······ 186

H

Heteropanax fragrans ······ 212
Hevea brasiliensis ······ 224
Hibiscus mutabilis ······ 71
Hibiscus rosa-sinensis ······ 71
Hibiscus schizopetalus ······ 72
Hibiscus syriaous ······ 70
Hibiscus tiliaceus ······ 72
Hydrangea macrophylla ······ 46
Hyophorbe lagenicaulis ······ 242

I

Ilex aquicolium 'J. C. Vantol' ······ 88
Ilex cornuta ······ 88
Ilex latifolia ······ 89
Illicium verum ······ 102
Indocalamus tessellatus ······ 234
Ixora chinensis ······ 39
Ixora duffii 'Super King' ······ 40
Ixora lutea ······ 40
Ixora williamsii ······ 40

J

Jacaranda mimosifolia ······ 192
Jasminum multiflorum ······ 43
Jasminum sambac ······ 43
Jatropha curcas ······ 92
Jatropha gossypiifolia ······ 94

Jatropha integerrima ·············· 94
Jatropha multifida ···················· 93
Jatropha pandurifolia ············· 94
Jatropha podagrica··················· 93
Juglans cathayensis ················ 174
Juglans mandshurica ·············· 174
Juglans regia ··························· 173
Juniperus formosana ················ 22

K

Koelreuteria bipinnata ············ 181
Koelreuteria bipinnata var. *integrifoliola*····························· 181
Koelreuteria paniculata ·········· 180
Koelreuteriaelegans subsp. *formosana* ································ 180

L

Lagerstroemia indica ·············· 139
Lagerstroemia speciosa ·········· 139
Leucaena leucocephala ··········· 190
Ligustrum lucidum ··················· 44
Ligustrum sinense ····················· 44
Liquidambar formosana ············ 51
Liquidambar styraciflua ··········· 51
Liriodendron chinense ············· 48
Liriodendron chinense × *tulipifera* ·· 48
Liriodendron tulipifera·············· 48
Litchi chinensis ······················· 206
Livistona chinensis ·················· 251
Lonicera japonica ······················ 45
Loropetalum chinense var. *rubrum* ·· 115
Lucuma nervosa ······················ 130

M

Macadamia integrifolia ··········· 160
Mahonia bealei ························ 171
Mahonia fortunei ····················· 171
Mallotus peltatus························ 96
Mangifera indica ····················· 156
Mangifera persiciformis ·········· 156
Manikara zapota ······················ 130
Mascarena verschaffeltii ········ 242
Melaleuca bracteata 'Revolution Gold' ··· 142
Melaleuca cajuputi subsp. *cumingiana* ······························ 141
Melaleuca parviflora ··············· 142
Melaleuca styphelioides ·········· 141
Melia azedarach ······················ 184
Michelia chapensis ·················· 105
Microcos neroosa ······················ 61
Millettia specisoa ··················· 175
Morella rubra 'Dong Kui'········ 159
Morinda citrifolia ······················ 41
Moringa oleifera ····················· 204
Morus alba ································· 57
Mucuna birdwoodiana ··········· 220
Mucuna sempervirens ············· 219
Mulania alba ··························· 106
Mulania champaca ·················· 106
Mulania crassipes ··················· 107
Mulania figo ···························· 107
Mulania foveolata ··················· 108
Mulania grandiflora ················ 109
Mulania maudiae ····················· 108
Murraya exotica ······················ 211
Mytilaria laosensis ················· 117

N

Nageia fleuryi ·························· 24
Nageia nagi ······························ 24
Nandina domestica ·················· 188
Neodypsis decaryi ·················· 240
Nerium indicum ······················ 164

O

Ormosia pinnata ······················ 199
Osmanthus fragrans ·················· 47

P

Pachira aquatica ····················· 216
Pachira macrocarpa ··············· 216
Parthenocissus dalzielii ··········· 98
Parthenocissus tricuspidata ····· 98
Persea americana ···················· 113
Phoenix canariensis ················ 243
Phoenix dactylifera ················ 244
Phoenix roebelenii ················· 243
Phoenix sylvestris ················· 244
Photinia × *fraseri*······················ 82
Photinia davidsoniae ················ 82
Photinia serrulata ···················· 81
Phyllostachys edulis ················ 235
Phyllostachys edulis 'Heterocycla' ·· 235
Phyllostachys nigra ················ 236
Pinus armandii··························· 17
Pinus elliottii ···························· 18
Pinus kwangtungensis ··············· 18
Pinus massoniana ····················· 16
Pinus parviflora ························ 17
Pinus yunnanensis ···················· 18
Pistacia chinensis ··················· 207
Pistacia weinmannifolia ········· 207
Pittosporum tobira ·················· 134
Platanus occidentalis ··············· 50
Platanus orientalis ··················· 49
Platanus× *acerifolia* ················ 50
Platycladus orientalis ··············· 20
Plinia cauliflora ······················· 34

Plumeria obtusa ······ 161
Plumeria rubra ······ 161
Plumeria rubra 'Acutifolia' ······ 162
Podocarpus costalis ······ 11
Podocarpus macrophyllus ······ 10
Podocarpus neriifolius ······ 11
Pouteria caimito ······ 157
Prunus salicina ······ 75
Psidium guajava ······ 36
Pterocarpus indicus ······ 205
Pterocarya hupehensis ······ 172
Pterocarya stenoptera ······ 172
Punica granatum ······ 147
Pyracantha fortuneana ······ 76
Pyrus betulaefolia ······ 78
Pyrus calleryana ······ 79
Pyrus communis ······ 79
Pyrus pyrifolia ······ 77
Pyrus serrulata ······ 78

Q

Quercus variabilis ······ 58
Quercus acutissima ······ 58

R

Radermachera hainanensis ······ 213
Rhapis excelsa ······ 252
Rhapis gracilis ······ 253
Rhapis humilis ······ 253
Rhapis multifida ······ 253
Rhododendron mucronatum ······ 128
Rhododendron pulcherum ······ 127
Rhodoleia championii ······ 116
Rhodomyrtus tomentosa ······ 33
Rhus chinensis ······ 182
Rosa banksiae ······ 178
Rosa hybrida ······ 177
Rosa laevigata ······ 179
Rosa multiflora ······ 179
Rosa roxburghii ······ 178
Rosa rugosa ······ 178
Roystonea oleracea ······ 246
Roystonea regia ······ 246

S

Sabina chinensis ······ 21
Sabina procumbens ······ 22
Sapium discolor ······ 152
Sapium sebiferum ······ 152
Saraca declinata ······ 198
Saraca dives ······ 197
Saraca indica ······ 198
Schefflera actinophylla ······ 217
Schefflera arboricola ······ 217
Schima superba ······ 62
Sphaeropteris lepifera ······ 2
Sterculia lanceolata ······ 126
Sterculia nobilis ······ 126
Synsepalum dulcificum ······ 158
Syzygium buxifolium ······ 32
Syzygium campanulatum ······ 32
Syzygium cumini ······ 31
Syzygium grijsii ······ 32
Syzygium hancei ······ 32
Syzygium jambos ······ 30
Syzygium samarangense ······ 31

T

Tamarindus indica ······ 196
Taxodium ascendens ······ 8
Taxodium distichum ······ 7
Taxodium mucronatum ······ 8
Taxus wallichiana var. *mairei* ······ 14
Terminalia arjuna ······ 150
Terminalia catappa ······ 148
Terminalia mantaley ······ 149
Terminalia muelleri ······ 149
Terminalia myriocarpa ······ 150
Theobroma cacao ······ 155
Toona sinensis ······ 183
Trachelospermum jasminoides ······ 37
Trachycarpus fortunei ······ 251

U

Ulmus americana ······ 53
Ulmus parvifolia ······ 53
Ulmus pumila ······ 52

V

Vaccinium uliginosum ······ 129
Vernicia fordii ······ 95
Vernicia montana ······ 95
Vitex negundo ······ 218
Vitis vinifera ······ 99

W

Washingtonia filifera ······ 254
Washingtonia robusta ······ 254
Wisteria floribunda ······ 203
Wisteria sinensis ······ 202
Wisteria venusta ······ 203

Y

Yulania denudata ······ 103
Yulania liliiflora ······ 104
Yulania soulangeana ······ 104

Z

Zanthoxylum bungeanum ······ 185
Zanthoxylum nitidum ······ 185
Zelkova schneideriana ······ 54
Zelkova serrata ······ 54
Zizyphus mauritiana ······ 97

科名排列索引

蕨类植物

桫椤科 Cyatheaceae

笔筒树……2

裸子植物

叶互生 无短枝 叶散生

苏铁科 Cycadaceae

苏铁……4
攀枝花苏铁……4
越南篦齿苏铁……5
四川苏铁……5
刺叶苏铁……5

南洋杉科 Araucariaceae

异叶南洋杉……6
南洋杉……6
猴子杉……6

杉科 Taxodiaceae

杉木……7
落羽杉……7
水松……8
池杉……8
墨西哥落羽杉……8
柳杉……9
日本柳杉……9

罗汉松科 Podocarpaceae

罗汉松……10
百日青……11
兰屿罗汉松……11
鸡毛松……12

三尖杉科 Cephalotaxaceae

三尖杉……13
粗榧……13

红豆杉科 Taxaceae

南方红豆杉……14

银杏科 Ginkgoaceae

银杏……15

松科Pinaceae

马尾松……16
华山松……17
日本五针松……17
华南五针松……18
湿地松……18
云南松……18

叶对生或轮生

柏科 Cupressaceae

柏木……19
日本扁柏……20
侧柏……20
圆柏……21
铺地柏……22
刺柏……22
福建柏……23
竹柏……24

被子植物

单叶 叶对生 叶全缘

蜡梅科 Calycanthaceae

蜡梅……26

山茱萸科 Cornaceae

尖叶四照花……27
头状四照花……28
日本四照花……28
多脉四照花……28

黄杨科 Buxaceae

黄杨……29
雀舌黄杨……30

桃金娘科 Myrtaceae

海南蒲桃……31
乌墨……31
洋蒲桃……31
赤楠……32
轮叶蒲桃……32
红鳞蒲桃……32

红车······32
钟花蒲桃······32
桃金娘······33
嘉宝果······34
巴西樱桃······35
番石榴······36

夹竹桃科 Apocynaceae

络石······37

马鞭草科 Verbenaceae

龙吐珠······37
红花龙吐珠······38
美丽龙吐珠······38

茜草科 Rubiaceae

龙船花······39
大王龙船花······40
泰国龙船花······40
仙丹龙船花······40
诺丽果······41
咖啡······41
水团花······42

木犀科 Oleaceae

茉莉花······43
毛茉莉······43
女贞······44
小蜡······44

忍冬科 Caprifoliaceae

忍冬······45
金银花······45

单叶 叶对生 叶有锯齿

虎耳草科 Saxifragaceae

绣球花······46

木犀科 Oleaceae

桂花······47

单叶 叶互生 叶有锯齿裂片

木兰科 Magnoliaceae

鹅掌楸······48
北美鹅掌楸······48
杂交鹅掌楸······48

悬铃木科 Platanaceae

法国梧桐······49
三球悬铃木······49
英国梧桐······50
二球悬铃木······50
美国梧桐······50
一球悬铃木······50

金缕梅科 Hamamelidaceae

枫香树······51
美国枫香······51

榆科 Ulmaceae

榆树······52
美国榆······53
榔榆······53
光叶榉······54
大叶榉······54
朴树······55
黄果朴······55

桑科 Moraceae

构树······56
桑树······57
麻栎······58

壳斗科 Fagaceae

栓皮栎······58
板栗······59

五桠果科 Dilleniaceae

五桠果······60
大花五桠果······60

椴树科 Tiliaceae

破布叶······61

山茶科 Theaceae

木荷······62
茶梅······63
杜鹃红山茶······64
山茶······64
油茶······64
滇山茶······65
茶······65

猕猴桃科 Actinidiaceae

中华猕猴桃······66

杜英科 Elaeocarpaceae

长芒杜英······67
杜英······68
水石榕······68
山杜英······69

锦葵科 Malvaceae

木槿······70
木芙蓉······71
大红花······71
朱槿······71
扶桑······71
吊灯扶桑······72

蔷薇科 Rosaceae

钟花樱桃······73
福建山樱花······73

寒绯樱……73
高盆樱桃……73
桃……74
梅……75
火棘……76
沙梨……77
杜梨……78
麻梨……78
西洋梨……79
豆梨……79
枇杷……80
石楠……81
椤木石楠……82
红叶石楠……82

苏木科 Caesalpiniaceae

红花羊蹄甲……83
羊蹄甲……84
洋紫荆……84

山茱萸科 Cornaceae

桃叶珊瑚……85
日本桃叶珊瑚……85
东瀛珊瑚……85

卫矛科 Celastraceae

冬青卫矛……86
扶芳藤……87
卫矛……87

冬青科 Aquifoliaceae

枸骨……88
英国冬青……88
大叶冬青……89
苦丁茶……89

大戟科 Euphorbiaceae

变叶木……90
一品红……91
麻风树……92
佛肚树……93
珊瑚花……93
棉叶珊瑚花……94
变叶珊瑚花……94
琴叶珊瑚……94
油桐……95
木油桐……95
千年桐……95
山苦茶……96
鹧鸪茶……96

鼠李科 Rhamnaceae

滇刺枣……97
青枣……97

葡萄科 Vitaceae

异叶地锦……98
异叶爬山虎……98
地锦……98
爬山虎……98
葡萄……99

番木瓜科 Caricaceae

番木瓜……100

桑科 Moraceae

无花果……101
面包树……101

单叶 叶互生 叶全缘

八角科 Illiciaceae

八角……102

木兰科 Magnoliaceae

玉兰……103
紫玉兰……104
二乔木……104
乐昌含笑……105
黄兰……106
白兰……106
含笑……107
紫花含笑……107
深山含笑……108
金叶含笑……108
荷花玉兰……109

樟科 Lauraceae

樟……110
阴香……111
肉桂……111
兰屿肉桂……112
牛油果……113

番荔枝科 Annonaceae

番荔枝……114
释迦……114

金缕梅科 Hamamelidaceae

红花檵木……115
红花荷……116
壳菜果……117
米老排……117

桑科 Moraceae

波罗蜜……118
木波罗……118
树波罗……118
桂木……118
榕树……119
高榕……120
高山榕……120
垂榕……120

竹叶榕……121
印度橡胶榕……121
大琴叶榕……122
薜荔……122
菩提榕……122
大叶榕……123

紫茉莉科 Nyctaginaceae

簕杜鹃……124
光叶子花……124
叶子花……125
巴特三角梅……125

梧桐科 Sterculiaceae

苹婆……126
假苹婆……126

杜鹃花科 Ericaceae

锦绣杜鹃……127
白花杜鹃……128
蓝莓……129

山榄科 Sapotaceae

人心果……130
蛋黄果……130

柿科 Ebenaceae

柿……131
黑柿……132

芸香科 Rutaceae

白柿……133

海桐花科 Pittosporaceae

海桐……134

含羞草科 Mimosaceae

大叶相思……135
台湾相思……136
马占相思……136

苏木科 Caesalpiniaceae

紫荆……137
加拿大紫荆……137

千屈菜科 Lythraceae

雪茄花……138
紫雪茄花……138
紫薇……139
大花紫薇……139
土沉香……140
白千层……141
美丽白千层……141
千层金……142
细花白千层……142
柠檬桉……143
大叶桉……144
红千层……145
串钱柳……146
美花红千层……146
橘香红千层……146

石榴科 Punicaceae

石榴……147

使君子科 Combretaceae

榄仁……148
小叶榄仁……149
莫氏榄仁……149
阿江榄仁……150
千果榄仁……150

蓝果树科 Nyssaceae

喜树……151

大戟科 Euphorbiaceae

乌桕……152
山乌桕……152
火殃簕……153
金刚纂……154
彩云阁……154

锦葵科 Malvaceaeae

可可……155

漆树科 Anacardiaceae

杧果……156

漆树科 Anacardiaceae

扁桃……156

山榄科 Sapotaceae

黄晶果……157
神秘果……158

杨梅科 Myricaceae

东魁杨梅……159

山龙眼科 Proteaceae

澳洲坚果……160

夹竹桃科 Apocynaceae

红鸡蛋花……161
钝叶鸡蛋花……161
鸡蛋花……162

茄科Solanaceae

夜香树……163

单叶 叶轮生

夹竹桃科 Apocynaceae

夹竹桃……164
糖胶树……165
黄蝉……166
紫蝉……167
软枝黄蝉……167

紫葳科 Bignoniaceae

葫芦树……168

茜草科 Gardeniaceae

栀子……169
狭叶栀子……169

木麻黄科 Casuarinaceae

木麻黄……170

复叶 羽状复叶 小叶锯齿

小檗科 Berberidaceae

阔叶十大功劳……171
十大功劳……171

胡桃科 Juglandaceae

枫杨……172
湖北枫杨……172
胡桃……173
美国山核桃……174
胡桃楸……174
野核桃……174

豆科 Leguminosae

南海藤……175
牛大力……175

芸香科 Rutaceae

黄皮……176

蔷薇科 Rosaceae

现代月季……177
刺梨……178
缫丝花……178
玫瑰……178
木香……178
多花蔷薇……179
金樱子……179

无患子科 Sapindaceae

栾树……180
台湾栾树……180
复羽叶栾树……181
全缘叶栾树……181

漆树科 Anacardiaceae

盐肤木树……182

楝科 Meliaceae

香椿……183
楝树……184

芸香科 Rutaceae

花椒……185
两面针……185

山龙眼科 Proteaceae

银桦……186

紫葳科 Bignoniaceae

凌霄……187

复叶 羽状复叶 小叶全缘

小檗科 Berberidaceae

南天竹……188

含羞草科 Mimosaceae

合欢……189
阔荚合欢……189
银合欢……190

苏木科 Caesalpiniaceae

凤凰木……191

紫葳科 Bignoniaceae

蓝花楹……192
南洋楹……192

苏木科 Caesalpiniaceae

黄槐决明……194
翅荚决明……194
双荚决明……194
伞房决明……194
腊肠树……195
铁刀木……195
决明……195
酸豆……196
中国无忧花……197
垂枝无忧花……197
印度无忧树……197

蝶形花科 Papilionaceae

海南红豆……199
黄檀……200
南岭黄檀……201
降香檀……201
花梨母……201
紫藤……202
多花紫藤……203
白花藤萝……203
紫檀……204

辣木科 Moringaceae

辣木……205

无患子科 Sapindaceae

荔枝……206
龙眼……206

漆树科 Anacardiaceae

黄连木……207
清香木……207

橄榄科 Burseraceae
橄榄……208

酢浆草科 Oxalidaceae
阳桃……209

楝科 Meliaceae
米仔兰……210
四季米兰……211

芸香科 Rutaceae
九里香……211

五加科 Araliaceae
幌伞枫……212

紫葳科 Bignoniaceae
海南菜豆树……213

复叶 掌状复叶

木棉科 Bombacaceae
木棉……214
吉贝……215
爪哇木棉……215
美丽异木棉……215
水瓜栗……216
马拉巴栗……216
瓜栗……216
发财树……216

五加科 Araliaceae
鹅掌藤……217
大叶伞……217

复叶 三出复叶

马鞭草科 Verbenaceae
黄荆……218

蝶形花科 Papilionaceae
常春油麻藤……219
白花油麻藤……220
刺桐……221
龙牙花……222
鸡冠刺桐……222

大戟科 Euphorbiaceae
秋枫……223
重阳木……223
橡胶……224

芸香科 Rutaceae
柚……225
柠檬……225
柑橘……226
甜橙……226

竹类

禾本科 Gramineae
竹类植物……227
粉单竹……229
黄金间碧竹（栽培型）……230
大佛肚竹（栽培型）……231
佛肚竹……231
孝顺竹……232
小琴丝竹（栽培型）……232
凤尾竹（栽培型）……233
箬竹……234
毛竹……235
龟甲竹……235
紫竹……236

棕榈科 Arecaceae
布迪椰子……239
三角椰子……240
假槟榔……241
槟榔……241
酒瓶椰子……242
棍棒椰子……242
加拿利海枣……243
软叶刺葵……243
美丽针葵……243
海枣……244
银海枣……244
中东海枣……244
椰子……245
王棕……246
大王椰……246
菜王棕……246
散尾葵……247
三药槟榔……247
油棕……248
鱼尾葵……249
短穗鱼尾葵……250
董棕……250
蒲葵……251
棕榈……251
棕竹……252
多裂棕……253
金山棕竹……253
矮棕竹……253
细棕竹……253
丝葵……253
老人葵……254
大丝葵……254

按按揉揉少吃药

图解按摩治百病

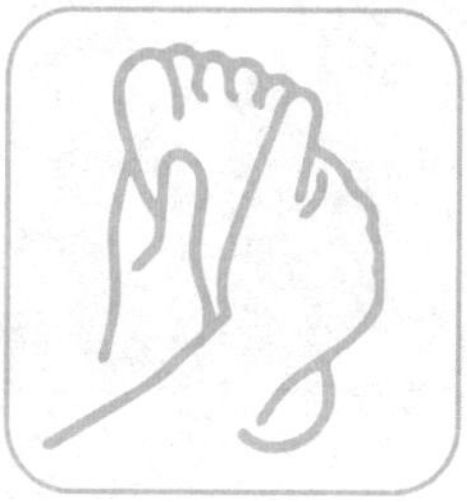

谢文英◎编著

ANAN ROUROU SHAOCHIYAO

TUJIE ANMO ZHIBAIBING

时代出版
时代出版传媒股份有限公司
安徽科学技术出版社

图书在版编目(CIP)数据

按按揉揉少吃药:图解按摩治百病 / 谢文英编著. --合肥:安徽科学技术出版社,2017.2(2025.1重印)
ISBN 978-7-5337-7071-6

Ⅰ.①按… Ⅱ.①谢… Ⅲ.①按摩疗法(中医)-图解 Ⅳ.①R244.1-64

中国版本图书馆CIP数据核字(2016)第302021号

按按揉揉少吃药——图解按摩治百病 谢文英 编著

出 版 人:王筱文 选题策划:徐浩瀚 责任编辑:聂媛媛 黄 轩
文字编辑:陈会兰 责任校对:王一帆
责任印制:廖小青 封面设计:视界创意
出版发行:安徽科学技术出版社 http://www.ahstp.net
(合肥市政务文化新区翡翠路1118号出版传媒广场,邮编:230071)
电话:(0551)63533330
印 制:北京柯蓝博泰印务有限公司 电话:(010)89565888
(如发现印装质量问题,影响阅读,请与印刷厂商联系调换)

开本:720×1010 1/16 印张:19.75 字数:280千
版次:2017年2月第1版 2025年1月第8次印刷

ISBN 978-7-5337-7071-6 定价:59.00元